先进航空发动机抗冲蚀涂层技术

何光宇 李 维 何卫锋 著

科学出版社

北京

内 容 简 介

　　本书以沙漠、戈壁和沿海等特殊自然环境服役的飞行器为主要对象,针对沙尘冲蚀导致的先进航空发动机性能衰减、可靠性不足和寿命大幅度降低等重大问题,介绍国内外冲蚀理论、防护方法和试验技术的发展与应用情况;分析总结先进航空发动机沙尘冲蚀损伤的显著特征;结合作者多年研究成果,重点介绍抗冲蚀涂层材料体系与优化设计方法、涂层制备工艺、涂层性能表征和涂层冲蚀与腐蚀性能评价等内容。

　　本书可供先进航空发动机设计、制造等领域的科研人员、工程技术与管理人员和研究生使用,也可为地面燃气轮机等相关领域的工程技术人员提供参考。

图书在版编目(CIP)数据

先进航空发动机抗冲蚀涂层技术 / 何光宇,李维,何卫锋著. —北京:
科学出版社,2022.6
　ISBN 978-7-03-071039-0

　Ⅰ.①先… Ⅱ.①何…②李…③何… Ⅲ.①航空发动机-抗冲击-涂层技术-研究 Ⅳ.①V23

中国版本图书馆 CIP 数据核字(2021)第 268821 号

责任编辑:宋无汗 / 责任校对:任苗苗
责任印制:师艳茹 / 封面设计:陈　敬

科学出版社 出版
北京东黄城根北街 16 号
邮政编码:100717
http://www.sciencep.com

北京画中画印刷有限公司 印刷
科学出版社发行　各地新华书店经销
*

2022 年 6 月第 一 版　开本:720 × 1000　1/16
2022 年 6 月第一次印刷　印张:13 3/4　插页:4
字数:277 000

定价:138.00 元
(如有印装质量问题,我社负责调换)

序

　　航空发动机被誉为"工业皇冠上的明珠"。随着军用、民用航空器职能与任务的多样化和服役环境的极端化，航空发动机的环境适应性已成为航空动力技术发展亟待解决的关键问题，受到了世界各国，尤其是军事强国的重视。

　　2015 年，由国务院批准，工业和信息化部牵头，全面启动"航空发动机及燃气轮机"重大专项(简称"两机"专项)的论证与实施工作，标志着我国将打破传统测绘仿制的局限，集中优势力量，建立航空发动机及燃气轮机自主创新的基础研究、技术与产品研发和产业体系，突破一系列"卡脖子"关键技术。航空发动机环境适应性研究是"两机"专项的重要部分。

　　涂层技术是表面工程技术的重要分支，于 20 世纪 80 年代发展起来，涉及机械、物理、材料等多学科。目前，已经在机械、电子、半导体、光学、航空、交通等领域广泛应用。涂层防护技术是航空领域提高恶劣服役条件下的金属材料表面力学和机械等性能的常用技术，尤其是新材料体系研发难度大、周期长，在材料性能短时间不能满足航空发动机服役需求的情况下，涂层技术的发展至关重要。

　　空军工程大学研究团队长期致力于航空推进与等离子体表面工程交叉领域研究，在航空发动机极端环境服役安全可靠性与防护技术领域，取得了突出成果。该书是针对先进航空发动机在特殊自然环境服役时的损伤和防护问题的学术专著，是对"航空发动机及燃气轮机"重大专项(2017-Ⅶ-0012-0107)、国家重点基础研究发展计划（"973"计划)和国家自然科学基金项目(51405506)等成果的梳理和总结，由空军工程大学研究团队和我国主要从事该领域研究的科研团队共同撰写。

　　该书以军用、民用领域的沙尘冲蚀问题为背景，重点总结了 20 世纪 50 年代以来冲蚀理论的发展历程，详细介绍科研团队在抗冲蚀涂层结构与材料体系优化设计方法、制备工艺方法和性能评价方法等方面的研究成果。该书成果集机理、工艺、设备和试验四位一体，形成体系化研究，有力支撑航空发动机抗冲蚀涂层研究。

　　该书是涂层技术在航空航天领域应用的重要拓展，重点针对航空领域，尤其是航空发动机在极端环境下服役所面临的服役可靠性和寿命大幅度降低的重大问题，从设计理论和方法到试验评估等方面总结多年的科研成果，涵盖了涂层(薄膜)设计、制备工艺方法、复杂外形工艺难题和试验评价方法等，对冲蚀机理、防护方法、关键技术及试验方法等进行全面系统的介绍，内容涵盖机械、材料、等离子体物理等多学科。该书写作规范、学术水平高，具有重要的学术价值和工程实践意义。

中国科学院院士　李应红

2021 年 8 月

前　言

航空发动机是飞行器的"心脏",为飞机提供稳定的动力输出。沙漠、戈壁和沿海地区服役的直升机和运输机受沙尘环境影响十分严重。沙尘环境下,沙尘颗粒对发动机造成的冲蚀损伤导致发动机性能衰减、安全可靠性不足和寿命大幅度降低,极大地影响我军全域作战能力。

随着发动机设计、制造和试验技术的不断发展,航空发动机环境适应性研究的重大意义逐渐凸显且不可或缺,先进航空发动机沙尘防护技术逐渐受到重视,从事航空发动机研究与服役性能保障人员的理念也从被动修理转化为主动预防。但是,极端恶劣的服役环境对发动机冲蚀机理、防护技术和试验技术提出了严峻考验。

在越南战争、海湾战争和阿富汗战争中,美军意识到沙尘对发动机造成冲蚀的严重性。T58、T56等多型直升机涡轴发动机在"沙漠风暴"行动中的服役寿命不足设计值的 1/8,因此投入了大量的人力和物力进行研究。2013 年,美军在马萨诸塞州向 GE 公司投资 35 亿美元研究经费,粒子分离和防护涂层等一系列关键技术得到突破和应用,大幅度提升了恶劣环境下直升机和运输机的作战能力。

本书以沙漠、戈壁和沿海等特殊自然环境服役的飞行器为研究对象,针对沙尘冲蚀导致的先进航空发动机性能衰减、安全可靠性不足和寿命大幅度降低等重大现实问题,结合作者多年的研究成果,分析总结航空发动机冲蚀损伤的特点,深入介绍抗冲蚀涂层材料体系与结构优化设计方法、涂层制备工艺、关键技术和性能表征方法,以及抗冲蚀与腐蚀性能评价方法等,并结合实例介绍相关技术的应用情况。

本书共 6 章,第 1 章介绍冲蚀的定义与分类,分析影响冲蚀的主要因素,介绍航空发动机冲蚀与防护技术的发展现状。第 2 章主要针对塑性材料和脆性材料特点,梳理总结冲蚀理论的发展,分析航空发动机冲蚀的典型特征,对比分析金属材料和复合材料的冲蚀损伤问题。第 3 章主要介绍抗冲蚀涂层的优化设计方法,包括仿真设计和涂层材料与结构一体化设计方法等。第 4 章主要介绍抗冲蚀涂层的制备方法,重点介绍主要工艺参数对涂层性能的影响,以及抗冲蚀涂层的清洗与再制造技术。第 5 章结合航空发动机冲蚀特点,介绍涂层力学、疲劳强度和冲蚀性能的表征方法。第 6 章介绍涂层的抗冲蚀与腐蚀性能评价方法。

本书是研究团队共同努力的结果,获得了"航空发动机及燃气轮机"重大专项(2017-Ⅶ-0012-0107)、国家重点基础研究发展计划("973"计划)和国家自然科学基金项目(51405506)等的支持，西安交通大学、西北工业大学、北京师范大学和长安大学等单位在理论分析和试验研究中提供了大量的数据支撑，在此表示感谢。团队成员周留成、柴艳、杨竹芳，以及博士研究生张虹虹、陈皎、张兆路、韩霄、曹鑫，硕士研究生耿明睿、徐伟胜、孙丹阳、房志豪、胡晨雨、杨明磊等承担了本书数据整理和校核工作，向他们表示感谢。

　　限于作者水平，书中不足之处在所难免，欢迎批评指正。

目　　录

彩图

第1章 绪 论

1.1 冲 蚀 概 述

1.1.1 冲蚀的定义与分类

航空发动机是飞行器的"心脏",为航空飞行提供稳定的动力输出。飞行器在特殊环境,如沙漠、沿海等条件飞行时,航空发动机会不可避免地吸入石块和沙粒等外来物[1],由外来物造成的破坏或损坏统称为外物损伤(foreign object damage,FOD)。FOD 的基本定义是指航空发动机在使用过程中吸入硬物小颗粒而导致风扇/压气机叶片被冲击形成凹坑、缺口等的一种常见机械损伤。

冲蚀(erosion)的概念与 FOD 概念有所不同,是指粒径不大于 1mm 的固体或流体粒子,以一定速度(通常不超过 500m/s)和角度对材料表面进行冲击所造成的材料表面渐进性损伤现象,也称为侵蚀或侵蚀磨损[2]。虽然很多领域也将冲蚀列入 FOD 范畴,但更严格地讲,冲蚀与 FOD 在粒子大小、数量和渐进性损伤三个方面有显著差异。

冲蚀是由多相流动介质冲击材料表面而造成的一类磨损。根据流动介质的不同,可将冲蚀分为气流磨损和液流磨损两大类。流动介质中携带的第二相可以是固体粒子、液滴或气泡,它们有的直接冲击材料表面,有的则在表面上破碎,从而对材料表面施加机械力。如果从流动介质和第二相角度分类,可分为喷砂型冲蚀、泥浆冲蚀、液滴冲蚀、气蚀性冲蚀四种类型[3]。喷砂型冲蚀是指气流携带固体粒子冲击固体表面产生的冲蚀,这类冲蚀在工程中比较常见,如吸入到直升机发动机的沙粒对发动机的冲蚀,气流运输物料对管路弯头的冲蚀,火力发电粉煤锅炉燃烧尾气对换热器管路的冲蚀等。

冲蚀问题是现代工业领域常见的一种损伤与破坏形式。据有关资料统计,在所有发生事故的锅炉管道中,大约有 1/3 是冲蚀磨损造成的,在管道输送物料的气动运输装置中,弯头处的冲蚀磨损比直通部分的磨损严重 50 倍左右;泥浆泵、杂质泵的过流部件损坏有 50%以上是冲蚀磨损引起的。冲蚀问题广泛存在于机械、冶金、能源、建材、航空、航天等工业领域,已成为材料破坏或设备失效的重要原因之一。

1.1.2 冲蚀的主要影响因素

流动介质中携带的第二相是固体的冲蚀称为固体颗粒冲蚀(solid particle

erosion，SPE)，在冲蚀现象中最为普遍，如在航空发动机、输油管道、燃气轮机等零部件上的冲蚀问题都是典型的 SPE，图 1.1 为影响 SPE 的关键因素[4]。

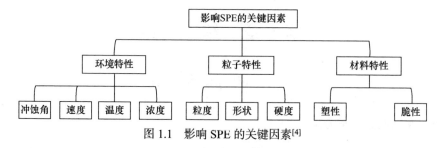

图 1.1 影响 SPE 的关键因素[4]

1. 环境特性

环境特性主要包括：冲蚀角、速度、温度和浓度等。冲蚀角是指入射沙粒轨迹与材料表面之间的夹角，也可以称为入射角或攻角，与材料的冲蚀率密切相关。冲蚀机理如图 1.2 所示，塑性材料(金属、合金)最大冲蚀率出现在低角度下，一般为 15°~30°；脆性材料(玻璃、陶瓷等)最大冲蚀率出现在 90°[5]。冲蚀率与冲蚀角度之间有如下关系：

$$\varepsilon = A\cos^2\alpha \cdot \sin(n\alpha) + B\sin^2\alpha \tag{1.1}$$

式中，ε 为材料的冲蚀率；α 为冲蚀角度；A、B、n 为材料常数。对于脆性材料，$A=0$；对于塑性材料，$B=0$，$n=\pi/2\alpha$；对于其他材料，低角度下脆性材料常数 A 起主要作用，高角度下塑性材料常数 B 起主要作用。

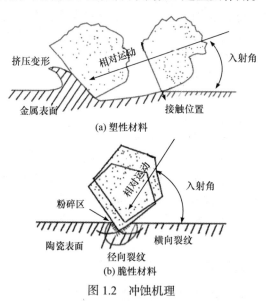

图 1.2 冲蚀机理

大部分材料有一个冲蚀速度下限，当冲蚀速度小于该临界值时，沙粒与材料表面只发生弹性碰撞；当冲蚀速度大于该临界值时，材料的冲蚀率与冲蚀速度之间的关系如式(1.2)所示：

$$\varepsilon = KV^n \tag{1.2}$$

式中，ε 为材料的冲蚀率；K 为常数项系数；V 为沙粒的冲蚀速度；n 为材料常数，取决于冲蚀角度和材料属性[6,7]。部分试验数据表明，材料的冲蚀角度与沙粒的冲蚀速度相互独立，沙粒的冲蚀速度对材料的冲蚀机理影响较小。沙尘浓度是影响冲蚀损伤的关键因素，一般情况下，材料的冲蚀率(质量损失/冲蚀时间)随着沙尘浓度的增大而增大，但是当浓度过大时，由于沙粒之间的相互碰撞及回弹粒子的影响，材料的冲蚀率会有所降低[8-11]。温度对材料冲蚀的影响十分复杂，以塑性材料为例，不同塑性材料的冲蚀率随温度升高的表现有所不同，有的随温度的升高而减小，到最小值之后又随温度升高而增大，如 410 不锈钢、800 合金等；有的低于临界温度时冲蚀率相差不大，而超过临界温度后，冲蚀率随温度的升高会迅速增大，如 310 不锈钢、1100 铝合金等；有的始终随温度的升高而增大，如碳素钢等[8,11]。

2. 粒子特性

粒子特性包括粒度、形状和硬度，是决定冲蚀损伤行为的关键因素。粒度指颗粒的大小。对塑性材料，在一定粒度范围内，其冲蚀率与粒度呈正比，但当粒度达到一定的临界值后，冲蚀率趋于稳定[9]。

不同的材料和冲蚀条件有不同的临界值，这种现象称为"粒度效应"。目前，关于"粒度效应"比较合理的一种解释是材料表面存在一层硬质层，小粒子只能对硬质层产生影响，当粒度大于临界值时，粒子可以穿透硬质层进而直接作用在材料的基体上，此时硬质层的影响基本消失，从而形成了稳定且较高的冲蚀率[12]。

当粒度超过"粒度效应"的临界值时，随着粒度的增大，材料的冲蚀率也会发生较大的变化。TC4 钛合金在不同粒径沙尘冲蚀下的质量损失率如图 1.3 所示。沙尘在冲蚀角度为 30°和 60°时，质量损失率都随冲蚀沙尘粒径的增大明显出现两个阶段：400μm 以下的小粒径沙尘对 TC4 钛合金造成的质量损失率小于 0.4mg/g，400μm 以上较大粒径沙尘对 TC4 钛合金造成的质量损失率突增至 0.8mg/g 以上。

冲蚀粒子往往不是单一的粒度，而是多种粒度的耦合[10,13]，因此粒度的分布和形状都是影响冲蚀的重要因素，其相关研究难度很大。通过对不同粒子的冲蚀试验研究，发现尖角粒子造成的冲蚀损伤十分严重[14]。Foley 等[15]研究了不同粒

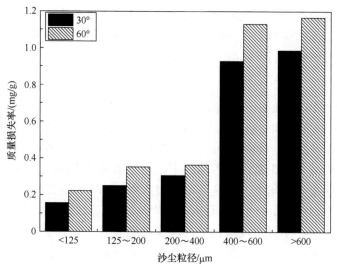

图 1.3　TC4 钛合金在不同粒径沙尘冲蚀下的质量损失率

子形状在几种流量条件下对塑性材料的冲蚀行为。粒子形状对材料冲蚀失重的影响如表 1.1 所示，可以看出尖角沙粒造成的冲蚀失重远大于球状沙粒。对于这种情况，一般认为可能是尖角沙粒产生较多切削(cutting)或犁削(ploughing)造成的。

表 1.1　粒子形状对材料冲蚀失重的影响

粒径/μm	供沙速率/(g/min)	质量损失/mg			
		冲蚀速度 20m/s		冲蚀速度 60m/s	
		球状沙粒	尖角沙粒	球状沙粒	尖角沙粒
250~355	6.0	0.2	1.6	3.0	28.0
250~355	0.6	0.2	2.0	4.5	32.7
495~600	6.0	0.1	—	1.2	—
495~600	2.5	—	2.0	—	42.4

　　对于球状沙粒，材料冲蚀率随沙粒粒度的增大而增大，到达一定值之后则随着粒度的增大而减小[10]。此外，硬度对材料冲蚀率的影响也是研究的一个热点。粒子与材料表面的硬度比(即粒子的硬度与材料表面硬度的比值)对材料冲蚀行为影响十分明显。研究发现，当硬度比大于 1.2 时，塑性材料冲蚀率大且趋于饱和；当硬度比小于 1.2 时，冲蚀率随硬度比减小而降低。此外 Wiederhorn 等[16]观察到，用相对较软的硅粒子冲击氮化硅时没有横向裂纹的产生，但是用硬粒子冲击时会产生明显的横向裂纹。

3. 材料特性

材料特性主要体现在其硬度和韧性所决定的材料的塑性和脆性。对常规磨损形式，特别是与冲蚀磨损较相近的磨粒磨损，通常材料的硬度越高，其耐磨损性能也越好。Sundararajan 等[17]总结了近室温条件下各种硬化方法对单相金属和合金以及多相合金冲蚀率影响的研究结果：退火状态的纯金属硬度与冲蚀率呈良好的线性关系，而冷加工、细晶强化和固溶强化都不能提高单相金属的抗冲蚀能力，马氏体硬化、沉淀硬化、弥散强化等方法对多相合金冲蚀率的影响无明显规律。

冲蚀磨损的损伤模式不等同于磨粒磨损，从现有研究结果看，所有金属材料中只有纯金属[18]和铸铁[19]的抗冲蚀能力随硬度的增加而提高。Ninham[20]的研究表明，尽管铁基、镍基合金的组成、机械性能和物理性质区别明显，但冲蚀行为十分相似，冲蚀率区别不大。Foley 等[15]研究了不同热处理条件下 AlSl4340 钢的冲蚀行为，发现在硬度明显提高的同时，冲蚀失重反而略有增加(从 0.90mg 增至 1.03mg)。

此外，Srinivasan 等[21]基于粒子与材料表面的硬度比(H_p/H_t)对脆性材料冲蚀率影响的研究，认为硬度对脆性材料的抗冲蚀能力起决定性作用，但多数研究者[22-24]认为硬度对脆性材料的影响是相对的，Shipway 等[22]考虑到 H_p/H_t 的影响，认为弹塑性压痕破裂理论中对硬度的影响估计略有不足。总而言之，硬度对材料冲蚀行为有重要影响，但不是决定性因素。在实际选材过程中，硬度是需要考虑的一个因素，尤其要结合粒子硬度分析 H_p/H_t 的影响，但不能仅根据硬度简单地预测材料的抗冲蚀能力，而应结合使用条件，通过试验来确定。

塑性对材料冲蚀行为的影响主要针对塑性材料。在 Foley 等[15]的研究中，冲蚀失重随硬度增大略有增加，但却表现出随塑性增加而降低的趋势。在 Cu、Cu-Al、Cu-Zn 体系和铸铁[17]中也有类似情况，这表明金属材料抗冲蚀能力随塑性增加而提高。然而，其他的研究结果否定了这一说法，如在不锈钢中，中等塑性的不锈钢表现出较好的抗冲蚀性能[25]。另外，脆性材料低角度冲蚀条件下也存在硬粒子的犁削作用，因此在保证足够的断裂韧性的前提下，硬度高有利于提高材料的抗冲蚀能力。

1.2　航空领域的冲蚀问题

直升机在沙漠环境的起降过程中，旋翼下洗流导致的沙团对航空发动机压气机、旋翼等部件造成的冲蚀损伤是航空领域最典型的冲蚀案例之一。虽然沙尘颗粒的体积很小、质量很轻，但"千里之堤，溃于蚁穴"，它们对发动机的破坏非常严重，沙尘颗粒的冲击和磨损将会使压气机叶片外形改变，显著降低其压缩气体的能力。同时，叶片的凹坑等缺口在航空发动机振动载荷作用下，很快就形成裂纹并扩展断裂。由此可见，解决航空领域的沙尘冲蚀问题十分迫切。

1.2.1　民用领域的冲蚀问题

1982 年，英国航空一架波音 747 客机载着 247 名乘客，从马来西亚吉隆坡飞往澳大利亚珀斯。当飞机穿过印度尼西亚上空的火山灰云时，4 台发动机全部停车，波音 747 客机直接从 11300m 跌至 3650m，飞行员重新启动发动机后，飞机才成功迫降雅加达机场。1989 年，荷兰皇家航空一架波音 747 客机从荷兰阿姆斯特丹飞往日本东京，就在飞机起飞前一天，阿拉斯加州雷道特火山刚刚喷发过，受火山灰的影响，这架飞机上的 4 台发动机全部停车，飞机在急降 4000m 后，飞行员才终于成功启动发动机，最终安全降落在阿拉斯加州安克雷奇。

民用航空在航线上遇到火山爆发会取消飞行或者更改航线，其主要原因是火山的喷发物可能高达几千米甚至十几千米，其中较轻的火山灰也会在大气中飘浮很久，扩散范围很大。火山爆发形成的固体颗粒物会率先与发动机的风扇和压气机相互接触，坚硬的颗粒物与高速旋转的转子之间会发生强力摩擦，磨蚀叶片的同时，还可能破坏发动机内部的传感器，使其无法准确测出各种必需的参数。颗粒物进入发动机的燃烧室会被熔化，并在高压和低压涡轮部件表面凝结，轻则造成发动机性能损失，重则导致发动机停车。飞机在这样的环境中飞行，极有可能造成重大安全事故。

1.2.2　军用领域的冲蚀问题

因服役环境的特殊要求，军用飞行器执行任务的特殊性导致航空领域冲蚀问题更加突出，而且不可避免。例如，20 世纪 50 年代的越南战争，美军大量使用了 UH-1 "休伊" 直升机和 AH-1 "眼镜蛇" 直升机执行运输和武装攻击任务。越南大面积的沙尘环境，使装配这两型直升机的 T53 涡轴发动机压气机叶片出现严重的几何变形和结构损伤问题，导致发动机功率下降、叶片出现裂纹故障等，发动机提前更换，平均维修间隔时间和发动机寿命大幅缩短。

美军在海湾地区使用的直升机发动机由于沙粒冲蚀破坏，其寿命仅为正常环境下服役直升机发动机寿命的 1/8。美国军方在 2007 年发布的一份研究报告中指出，在 "沙漠风暴" 行动中，装配 CH-53E 直升机的 GE 公司 T64 涡轴发动机，由于严重的沙尘危害作用，压气机叶片出现变形、损伤等故障，发动机的翻修间隔期由 450h 下降为 100h；装配 CH-46E 直升机的 GE 公司 T58 涡轴发动机压气机叶片的初始设计寿命为 3000h，在沙漠环境下的使用寿命仅为 100h。

　　恶劣环境下执行任务的运输机同样面临严重的沙尘冲蚀问题。C130 "大力神"多用途战术运输机在前线恶劣环境下强行着陆并在野战跑道上起落，导致运输机发动机受沙尘损伤十分严重，发动机充满沙粒、发动机空速管阻塞、发动机阀冲蚀磨损、热端叶片冲蚀和堵塞。另外，无涂层的压气机叶片表面损伤也十分严重。

　　冲蚀损伤不仅仅发生在发动机中，如图 1.4 所示，国产某型武装直升机旋翼使用的树脂基复合材料在服役使用过程中，同样遇到冲蚀问题。直升机旋翼前缘包上一层铁皮(称为包铁)，包铁在一定程度上能够缓解叶片前缘的受损情况。采用包铁方式可以提高直升机旋翼前缘的抗冲蚀和抗外物打伤能力，但同时也会破坏旋翼的动平衡，严重影响直升机的正常使用。

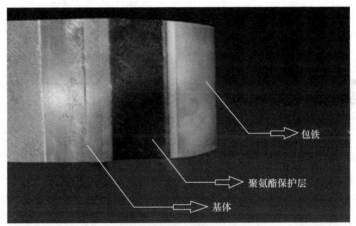

(a) 旋翼结构俯视图

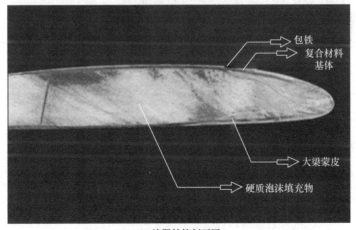

(b) 旋翼结构剖面图

图 1.4　国产某型武装直升机旋翼结构俯视图和剖面图

1.3　我国自然环境特点与冲蚀问题

我国受地域和自然环境影响,荒漠化区域约占国土面积的 25%[26],受沙尘影响的区域超过国土面积的 20%,在西北、西南和东南方向都有极端恶劣的沙尘环境。沙尘浓度等级划分如表 1.2 所示,我国军用标准 GJB 1171—91《军用直升机防砂尘要求》和 GJB 150.12—86《军用设备环境试验方法砂尘试验》按照沙尘浓度将沙尘环境划分为 5 个等级。

表 1.2　沙尘浓度等级划分

沙尘环境级别	1 级	2 级	3 级	4 级	5 级
浓度/(mg/m³)	0～53	54～530	531～2000	2001～4000	4001～10000
起降场近似地貌	水泥跑道或水泥起降块	较坚实的砂土地	松软的砂土地	沙滩或沙丘	沙漠

涡轴发动机是直升机的主要动力装置,受沙尘影响最为严重。例如,中国南方航空动力机械集团公司按照法国阿赫耶系列发动机进行生产的某型涡轴发动机,经外场使用发现:与法国公司的样机相比,发动机的整机寿命仅为透博梅卡(Turbomeca,TM)公司给定寿命的 50%,轴流压气机和离心压气机等关键件的疲劳寿命只有法产件的 18.75%～46.4%。表 1.3 为某型发动机的关键件疲劳寿命与法国样机的对比。表 1.4 列出了某型发动机与阿赫耶发动机 5 个单元体的故障率对比数据,其中 M02 单元体为轴流压气机单元体。

表 1.3　某型发动机的关键件疲劳寿命与法国样机的对比

序号	关键件名称	阿赫耶		涡轴 XX 系列
		1984 年	1994 年	
1	涡流叶轮	13000	14000	6500
2	离心叶轮	13000	14000	6500
3	甩油盘	3000	8000	1500
4	燃气发生器一级涡轮盘	4000	10000	2000
5	燃气发生器二级涡轮盘	4000	10000	2000
6	自由涡轮盘	7000	10000	3500

注:表中数据为循环次数。

表 1.4 某型发动机与阿赫耶发动机 5 个单元体的故障率对比数据

名称	故障率 λ /(次 · 10^{-3}h)		
	阿赫耶 1(1990 年)	阿赫耶 1(1992 年)	涡轴 XX 系列(1996 年)
M01	0.017	0.008	0.339
M02	0.015	0.003	0.021
M03	0.13	0.104	0.485
M04	0.019	0.008	0.069
M05	0.053	0.031	0.499

据统计，外场出现的故障模式主要包括沙尘侵蚀引起的压气机叶片磨损、变形、裂纹故障，鼓筒轴积沙引起的轴承损伤、转子动平衡故障，高温部件变形、裂纹故障，离心叶轮罩气动激振、疲劳断裂故障，以及管道渗、漏油故障等。

外场使用时，尤其在多风沙地区，发动机吸入沙尘损伤轴流压气机叶片的问题比较突出。某型发动机大修分解检测中发现，轴流压气机叶片存在不同程度的结构损伤问题，如变形、凹坑、缺口、鼓包等，尤其在多风沙地区使用的发动机，该问题更加突出。

沙尘侵蚀导致压气机叶片结构损伤的环境适应性问题在我国服役的其他型号发动机上同样存在。米-17 直升机在新疆服役时，经常需要在沙尘环境下起降，执行各类任务，曾出现过沙尘损伤发动机压气机铝合金叶片的多发性故障。在工厂的大修分解检测中发现，压气机叶片出现了较大尺寸的缺口、凹坑等故障，一些叶片甚至出现了疲劳裂纹，严重降低了叶片的疲劳寿命，危害飞行安全。我国新研制的某型涡轴发动机在南京驻地的风沙环境下使用，曾出现压气机钛合金叶片被沙尘损伤的情况，迫使发动机提前返厂修理。

1.4 航空发动机的冲蚀与防护技术

航空发动机类型主要包括涡轴发动机、涡扇发动机、活塞发动机等，本书结合实际使用和防沙需求，重点介绍直升机用涡轴发动机和运输机用涡扇发动机。

涡轴发动机是直升机的主要动力装置[27]，其构造如图 1.5 所示，主要结构包括进气道、压气机、燃烧室、普通涡轮和自由涡轮等。直升机在近地飞行时，1h 约吸入 200kg 的沙尘。由于发动机转速从几千转/分到上万转/分不等，沙尘粒子与转子相对运动速度超过声速，因此发动机冲蚀损伤十分严重。涡轴发动机面临的沙尘冲蚀问题亟待解决。

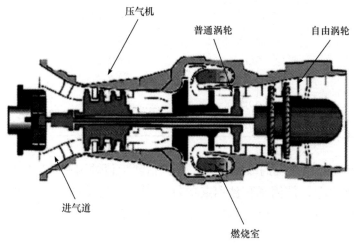

图 1.5　涡轴发动机构造

　　涡扇发动机又称涡轮风扇发动机，是指由喷管喷射的燃气与风扇排出的空气共同产生反作用推力的燃气涡轮发动机，由压气机、燃烧室、高压涡轮(驱动压气机)、低压涡轮(驱动风扇)和排气系统组成。

　　目前，主要应用于大型客机和运输机[28]的大涵道比涡扇发动机受沙尘冲蚀损伤的问题严重。虽然涡扇发动机转速仅为涡轴发动机的 1/3 左右，沙尘颗粒与叶片的相对速度远小于涡轴发动机，但是涡扇发动机的尺寸和空气流量远大于涡轴发动机，同样受沙尘冲蚀损伤十分严重。此外，涡扇发动机与涡轴发动机的差异还体现在粒子分离装置上，涡扇发动机没有粒子分离装置，沙尘颗粒通过内涵道直接进入燃烧室。图 1.6 为涡扇发动机结构图。

　　航空发动机的冲蚀损伤与传统工业领域的冲蚀显著不同，压气机位于发动机最前端，对环境特性最为敏感，其性能和服役可靠性直接影响整机服役性能。压气机进口级叶片沙尘冲蚀速度达 300～400m/s，浓度达 10000mg/m³，其损伤特点主要体现在高速、高温、浓度大、随机性强等。在发动机服役过程中，沙粒先与高速旋转的压缩机表面发生相互作用。航空发动机压缩机叶片处于高速旋转状态，沙粒与叶片的碰撞速度超过声速(340m/s)，叶尖速度可达 400～500m/s，高速撞击引起的应变速率很高，与准静态力学条件(应变速率为 10^{-4}～$10^{-1}s^{-1}$)相比，基体和涂层在动态力学条件(应变速率为 10^{2}～$10^{4}s^{-1}$)下的响应特性和力学行为有显著差异。同时，由于沙粒形状不规则，受气流的影响，入射角被定义为颗粒速度矢量

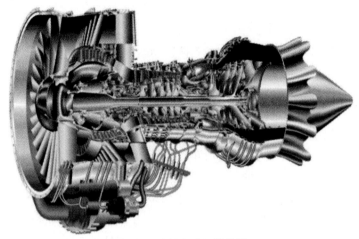

图 1.6 涡扇发动机结构图

与材料切向面的夹角，随机分布在 0°~90°，如图 1.2 所示。入射角也称为冲蚀角，冲蚀损伤机理随入射角的变化而变化，大致定义为低角度小于 30°，磨损主要发生在 30° 以下，而高角度主要发生在 30° 以上。一般情况下，对于韧性材料，最严重的冲蚀损伤发生在较小的角度上，切削是主要的破坏方式。对于脆性材料，最严重的损伤发生在较大的角度上，主要破坏方式是弹塑性变形引起的层剥落和疲劳裂纹扩展。考虑到发动机压缩机的弯曲形状和气流特性，冲蚀角一般不大于 45°。

二次侵蚀也是一种常见的现象。沙粒的主要成分为二氧化硅，天然沙中含有 Ca、Fe、Mg 等多种元素。沙粒在最初的冲蚀作用下可能会破碎，破碎的沙子会随气流加速并再次侵蚀表面。这种现象称为二次侵蚀，在大的侵蚀角和小的侵蚀角上都可以观察到。

疲劳是指材料、零件和构件在循环加载条件下，某点或某些点产生局部的永久性损伤，并在一定循环次数后形成裂纹，或使裂纹进一步扩展直到完全断裂。沙尘冲蚀航空发动机转子叶片引起的疲劳问题，与传统工程应用中的疲劳损伤相比还存在明显差异。沙尘颗粒的重复载荷作用能够在叶片表面产生大量的微小裂纹，这些裂纹在转子高速旋转产生的高频振动作用下迅速扩展，继而威胁飞行安全。

1.4.1 粒子分离技术

粒子分离装置是为防止沙尘随气流被发动机吸入损坏压气机叶片或其他机械部件，而在发动机进口前增设的利用离心力将吸入的沙石分离的装置[29]，其基本原理是通过惯性将部分沙尘分离出主流道，粒子分离器的主要构件包括过滤网、涡旋管、扫气管、扫气风扇等。

目前，直升机的粒子分离装置可以分为三大类：整体式惯性粒子分离器(inertial particle separator)、涡旋管分离器(vortex tube separator)、进气阻拦式过滤器(inlet barrier filter)，其中涡旋管分离器和整体式惯性粒子分离器都是利用惯性原理将粒子分离，涡旋管分离器是安装在发动机进气口的独立装置，而整体式惯性粒子分离器是发动机的一部分。进气阻拦式过滤器利用纤维层网状材料黏附空气中的粒子，从而达到净化空气的效果。

20 世纪 70 年代，美军为新研制的 UH-60 "黑鹰" 通用运输直升机的 T700 涡轴发动机在发动进气口前加装整体式惯性粒子分离器，用以分离空气中的沙尘粒子，进而提高直升机发动机叶片的沙尘防护能力。对于大颗粒直径的粗沙，整体式惯性粒子分离器分离效率可达 91.7%，但对小颗粒直径的细沙，分离效率仅为 64%。外场使用情况表明：采用进气防护措施后的直升机涡轴发动机仍然存在严重的压气机叶片磨蚀问题，即使装有分离效率较高的整体式惯性粒子分离器的 T700 涡轴发动机，其压气机叶片仍被沙尘磨蚀严重，进气防护装置未能对发动机叶片进行有效保护。对于较大的颗粒，整体式惯性粒子分离器的作用十分明显，但是对于粒径为毫米级甚至微米级的沙尘，整体式惯性粒子分离器的分离效率严重降低，因此有必要进一步采用其他技术和粒子分离技术共同实现对发动机叶片的保护。

1.4.2　抗冲蚀涂层技术

涂层技术是现代表面工程技术的重要组成部分。表面工程指材料经过表面预处理后，通过表面涂覆、表面改性或多种表面技术复合处理，改变固体金属表面或非金属表面的形态、化学成分、组织结构和应力状况，以获得所需要表面性能的系统工程。表面工程技术的历史悠久，如古代常见的鎏金技术、贴金技术、油漆技术和淬火技术。摩擦学、界面力学与表面力学、材料失效与防护、金属热处理学、焊接学、腐蚀与防护学和光电子学等学科的建立，进一步促进了多种表面技术的发展，并为表面工程学科奠定了理论基础。

航空发动机压气机抗冲蚀涂层技术是现代表面工程技术的典型代表，简单地说，就是在发动机压气机叶片上沉积一种抗冲蚀涂层，对叶片形成物理保护。一方面减少沙粒的冲蚀磨损现象；另一方面减少沙粒冲击在材料表面形成的应力集中，进而降低疲劳源产生的可能性，有效提高叶片的使用寿命。

1.5　抗冲蚀涂层技术的发展现状

涂层技术能够显著提升材料表面的硬度和韧性，结合粒子分离装置的使用，可以最大限度地提高发动机的防沙能力和服役性能。尽管陶瓷涂层已经广泛应用于刀具和磨具等行业，以提高其表面工作性能，但航空发动机的冲蚀问题与传统的磨损有很大不同，涂层的设计与制备也更加复杂。

抗冲蚀涂层研究涉及制造、材料、力学和摩擦学等多学科领域，内容非常广泛。结合本书研究内容，以冲蚀理论为出发点，分别从体系设计、制备工艺、性能评估和应用情况等方面介绍抗冲蚀涂层技术的发展现状。

1.5.1 材料冲蚀损伤理论的发展

从 20 世纪 50 年代微切削理论问世开始，学者们相继提出了一系列关于材料冲蚀的模型，试图解释或预测材料的冲蚀行为。按被冲蚀材料的类型，材料冲蚀理论可以分为塑性材料冲蚀理论和脆性材料冲蚀理论两大类。

1. 塑性材料冲蚀理论

塑性材料冲蚀理论主要有微切削理论、变形磨损理论、锻造挤压理论、基于应变量的模型理论。1958 年，Finnie 将粒子冲蚀材料表面比作微型刀具切割塑性材料表面，提出了微切削理论。这是第一个定量描述材料冲蚀的完整理论，较好地解释了低冲角下塑性材料受刚性粒子冲蚀的规律，但由于模型的简化，其对高冲角(>40°)或脆性材料的冲蚀偏差较大，特别是在冲蚀角为 90°时，其相对冲蚀体积为零，这与实际情况严重不符。Bitter[30]于 1963 年提出变形磨损理论，认为冲蚀磨损可分为变形磨损和切削磨损两部分，90°冲蚀角下的冲蚀磨损和粒子冲击时靶材的变形有关。他认为反复冲击会产生加工硬化，并提高材料的弹性极限，粒子冲击平面靶的冲击应力(σ)小于靶材屈服强度(σ_s)时，靶材只发生弹性变形；当 $\sigma > \sigma_s$ 时，形成裂纹，靶材产生弹性和塑性两种变形。基于冲蚀过程中的能量平衡，Bitter 推导出变形磨损量和切削磨损量，总磨损量为两者之和。该理论在单颗粒冲蚀磨损试验机上得到了验证，改善了 Finnie 微切削理论高冲角预测结果与实际不符的不足，可较好地解释塑性材料的冲蚀现象，但缺乏物理模型的支持。锻造挤压理论也称 Platelet 理论[31]，由 Levy 在大量试验的基础上提出来。简而言之，冲击时粒子对靶面施加挤压力，使靶材出现凹坑或者凸起，在严重的塑性变形后，靶材呈片屑从表面流失。冲蚀过程中，材料表面会吸收入射粒子的动能而发热。材料的冲蚀率取决于畸变层性质。Hutchings[32]研究了球状粒子正向冲击材料的冲蚀行为，认为在冲蚀过程中材料表面会发生弹性变形，提出以临界应变作为冲蚀磨损的评判标准：只有当形变达到临界值 ε_c 时，才会发生材料损失。他把 ε_c 看作材料的一种性质，并作为材料塑性的衡量指标，由材料的微观结构决定。

该模型在解释球状粒子正向冲击方面较为成功，但与试验结果还有少许差异，尚未被普遍承认。

2. 脆性材料冲蚀理论

脆性材料冲蚀理论研究始于 20 世纪 60 年代，有学者对球状粒子冲蚀脆性材料行为进行了研究，提出只要负荷大到一定程度或冲击速度足够大，在入射粒子冲击点下会出现塑性变形，附近存在缺陷的地方可能萌生环状裂纹——赫兹裂纹(Hertizan cracking)，并基于此建立了第一个脆性材料的冲蚀模型。1975年，Lawn 等[33]研究了多角粒子冲击时的裂纹萌生及其扩展情况，观察到两种形式的裂纹：分别垂直于和平行于材料表面的初生径向裂纹和横向裂纹，前者使材料强度退化，而后者被确认为材料流失的根源。20 世纪 70 年代末，Ouytsel等[34]提出了弹塑性压痕破裂理论，认为压痕区域下形成了弹性变形区，在负荷的作用下，中间裂纹从弹性变形区向下扩展，形成径向裂纹。同时，当最初的负荷超过中间裂纹的门槛值时，即使没有持续负荷，材料的残余应力也会导致横向裂纹的扩展。

相对于塑性材料冲蚀理论，脆性材料冲蚀理论起步较晚，目前较有影响的主要是弹塑性压痕破裂理论。经试验证明，该理论成功解释了刚性粒子在较低温度下对脆性材料的冲蚀行为，但不能解释脆性粒子和高温下刚性粒子对脆性材料的冲蚀行为，需进一步深入研究，加以完善。

1.5.2　抗冲蚀涂层结构/材料一体化设计

抗冲蚀涂层发展初期，涂层硬度被普遍认为是提高材料抗冲蚀性能的关键因素。高硬度的陶瓷涂层可降低沙尘冲击时塑性变形导致的磨损，从而提高叶片抗冲蚀性能[35]。国外从 20 世纪 70 年代就已经将陶瓷涂层用于多个型号发动机叶片沙尘防护，如法国幻影战斗机一、二级压气机叶片使用 TiN 涂层，苏联也将 TiN涂层应用于米-24、米-28 直升机的发动引擎螺旋桨和压气机转子叶片上。美国则将 TiN 涂层用于 CH-46E "海上骑士" 运输直升机的引擎螺旋桨叶片，使叶片寿命提高了 3～4 倍。

然而，在伊拉克和阿富汗战争中，超硬涂层并未达到期望的防护效果[36]，带有陶瓷涂层的叶片仍然受沙尘冲蚀。虽然 TiN、CrN 等陶瓷涂层具有较高的硬度，但是其脆性大、断裂韧性低，导致涂层在恶劣环境受到沙尘粒子冲击时极易出现裂纹。随着冲蚀理论的发展，脆性陶瓷涂层材料的断裂韧性受到关注。为提高涂层韧性，可在硬质涂层中增加延性金属，形成复合涂层；也可以将硬质涂层和延性金属交替排列，形成多层陶瓷-金属涂层。由于多层陶瓷-金属涂层具有良好的韧性和硬度，且结构形式和种类多样，成为抗冲蚀涂层的研究趋势[37]。但是，多层涂层仍然面临很多问题，其与提高抗冲蚀性能之间并不存在必然的因果联系。在某些冲蚀条件下，多层涂层的抗冲蚀性能与单层相比反而显著下降[38-40]，韧性材料对涂层冲蚀性能影响较大[41]，有时冲蚀试验结果甚至相差 2 个数量级。此外，对于相同厚度的多层陶瓷-金属涂层，中间延性金属层厚度、陶瓷-金属涂层比例和涂层层数对冲蚀抗力具有显著影响，不同结构的涂层在不同条件下的抗冲蚀性能差异较大，并非一种结构涂层在所有的冲蚀条件都具有很好的抗冲蚀性能[42,43]。

为了得到性能更优的涂层，需要对涂层结构和材料进行一体化研究，采用的方法主要有仿真和试验两种。仿真可以节省大量的时间、人力和物力，但是得到的结果很难与试验相互印证，缺乏说服力；试验过程繁琐，需要耗费大量的时间和经费，但是结果实用性强。

以 TiN/Ti 多层涂层的结构和材料体系优化设计为例，采用数值模拟的方法可以对整个冲击过程进行模拟。为了获得较好的涂层结构和相应的设计方法，可以从影响冲蚀的主要参数，如涂层的总厚度、总层数和层间调制比三个结构参数出发，进行数值模拟计算，对所做的结构进行对比分析得到最优的仿真结果。由于涂层的制备受到很多因素的限制，仿真获得的结果，往往在实际中很难获得，但是仿真可以从一定程度上给出优化的趋势和范围，通过数值模拟和试验结合的方法，对涂层的结构与材料一体化设计进行研究，可以获得较优的设计方案，从而得到性能更优的涂层。

1.5.3　抗冲蚀涂层的制备工艺与方法

抗冲蚀涂层的制备技术较多[44-53]，如电镀技术、热喷涂技术、激光熔覆技术和气相沉积技术等，但国内外普遍采用气相沉积技术制备抗冲蚀涂层。

气相沉积技术是利用气相中发生的物理、化学过程，改变工件表面成分，在表面形成具有特殊性能(如具有超硬耐磨层或特殊的光学、电学性能)的金属或化合物涂层的新技术。通常是在工件表面覆盖厚度为 $0.5\sim10\mu m$ 的一层过渡族元素(钛、钒、铬、锆、钼、钽、铌和铪)与碳、氮、氧和硼的化合物。可将气相沉积分为化学气相沉积(chemical vapor deposition，CVD)和物理气相沉积(physical vapor deposition，PVD)两大类。气相沉积技术是模具表面强化的新技术之一，已广泛应用于各类模具的表面硬化处理。

PVD 技术制备的涂层具有结合力好、致密，膜层成分和厚度容易控制，以及沉积温度低、基材可选择范围宽等优点。利用 PVD 技术进行抗冲蚀涂层制备的研究较为广泛，制备方法主要为真空阴极电弧沉积和磁控溅射技术。国外已将PVD 技术制备的金属氮化物(MeN)抗冲蚀涂层用于飞机发动机压气机叶片防护。

研究表明，此类涂层抗冲蚀磨损性能优异，且对飞机发动机气动性能影响小，在该领域应用前景广阔。PVD 技术制备二元或多元陶瓷抗冲蚀磨损涂层，主要的涂层体系包括：金属氮化物、碳化物和碳氮化物，如 TiN、ZrN、CrN、VN、TaN、MoN、NbN、TiC、VC 和 TiCN 等[51]；在金属氮化物、碳化物和碳氮化物涂层中加入 Al、Si 等合金化元素形成的多元陶瓷涂层，如 TiAlN、TiSiN、CrAlN、CrSiN、CrTiAlN 和 TiSiCN 等涂层[52]。在 PVD 技术制备抗冲蚀磨损涂层的过程中发现，TiN 涂层可使飞机发动机压气机部件的寿命提高 2~3 倍，是最早被批准用于航空发动机抗冲蚀磨损的防护涂层[53]。

抗沙粒冲蚀磨损涂层研制初期，由于对冲蚀机理的认识存在局限，普遍认为提高涂层硬度是提升抗冲蚀磨损能力的关键因素。然而，单层金属氮化物硬质涂层在抗冲蚀磨损性能方面的一些缺陷也显现出来，如涂层内应力较大、脆性高和断裂韧性低，导致涂层在受到沙粒冲击时极易出现裂纹。PVD 技术制备的单层金属氮化物陶瓷涂层最大厚度仅为 6~8μm，在涂层较薄的情况下，其抗冲蚀磨损性能有限，难以满足相关部件的防护要求。此外，单层金属氮化物硬质涂层一般为柱状晶结构，其存在一定数量的孔隙或缺陷，且会腐蚀通道，导致结合力变差，从而使抗冲蚀磨损性能下降。

1.5.4 抗冲蚀涂层的性能评估方法

正确评价抗冲蚀涂层的性能十分关键，以免试验室环境研究的涂层在实际服役过程中难以获得满意的防护效果。我国抗冲蚀涂层的试验技术与发达国家差距较大。我国发动机冲蚀考核试验存在的问题如图 1.7 所示，主要体现在以下两个方面：一是国内主要试验仍停留在试验室阶段，而试验室研究条件与航空发动机部件真实服役环境有较大差异，试验数据与真实损伤数据差异较大，最终导致在真实环境下不能发挥预想的防护效果；二是国内研究所陆续开展整机试验，但整机试验的方法主要以定型和考核为目标，试验周期长、难度大、代价高且获取的参数信息有限，很难反复、多次开展试验，不能很好地支撑航空发动机基础研究和关键技术研究。

冲蚀试验体系是评价涂层设计的有效性、制备技术可控性、稳定性和涂层抗冲蚀性最为直观和有效的措施，试验体系的完备性和有效性直接影响涂层在实际使用中的防护能力。美军于 2010 年发布的军标 3033 号为飞机发动机叶片常用材料的耐沙蚀(颗粒侵蚀)性能测试提供标准。测试方法用于检测飞机发动机叶片抗侵蚀系统常用材料的耐沙蚀(颗粒侵蚀)性能，包括合成橡胶、强化塑胶和复合材料、金属、陶瓷等。美军 2010 年发布的 3033 号标准中针对静态样本，开展在高速气流不断带入的沙粒作用下，材料受冲蚀试验的测试，如图 1.8 所示。

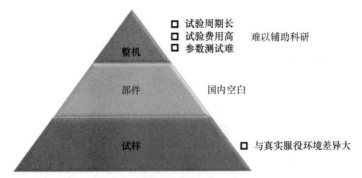

图 1.7　我国发动机冲蚀考核试验存在的问题

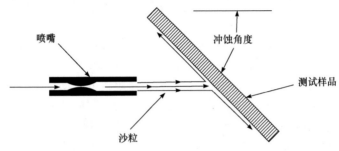

图 1.8　静态试样冲蚀试验

MIL-E-5007D 标准规定：颗粒直径为 240~550μm，颗粒密度为 30g/cm³，颗粒速度为(222.5±10.7)m/s，撞击角度为 20°~90°，测试温度为(23.9±2.8)℃，相对湿度(RH)为 50%。侵蚀物为经断裂的石英石形成的合成矿物石英砂。采用体积损失、质量损失和涂层失效来评定冲蚀性能优劣。

美军的军用标准中已针对预处理试样的温度和湿度、测试环境温度和湿度、侵蚀物尺寸、成分、冲蚀速度和角度、沙粒负载量等进行了详细的规定。然而，军用标准中的试验条件与实际使用时仍存在较大差异，因此仍需建立完善的冲蚀试验体系，并加强试验的有效性验证。为考核冲蚀涂层的防护效果，美军的冲蚀试验体系包括了试验室原理性验证试验、吞沙试验、疲劳试验、外场小规模验证试验等。首先在试验室条件下开展涂层沙尘防护效果的原理性验证试验，以美军 ER7 涂层为例，使用粒径为 10~100μm，速度达 213.4m/s 的二氧化硅沙粒冲蚀试样，随着磨蚀沙尘量的增加，压气机叶片的弦长损失量逐渐增加，当损失量到达设定的门限值时，压气机叶片到寿报废。图 1.9 两条曲线的对比表明涂层能够使压气机叶片的使用寿命提高为原来的 2 倍以上，初步验证了涂层的沙尘防护效果[54]。

考虑到试验室条件下难以模拟发动机整机的吞沙情况，因此美军后续开展了

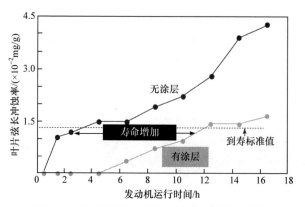

图 1.9　发动机运行时间与质量损失的关系[54]

ER7 涂层在发动机整机应用的试验研究。发动机整机吞沙试验在美国海军的露天发动机试车台上开展，采用颗粒直径为 100~200μm 的粗沙。试验主要基于三点：一是外场使用说明有部分粗沙会穿过防沙系统进入发动机；二是粗沙会加速对压气机叶片的冲蚀速率，减少试验时间；三是粗沙对叶片的影响效果显著，可忽略其他导致衰减的因素。试验终止的依据是设定发动机功率衰减到一定数值。试验结果表明，14 级轴流压气机的中间级损伤最严重，ER7 涂层的防护效果明显，依据压气机叶片弦长和后缘厚度测试结果，涂层能使抗沙尘冲蚀性能提高 2.5~4 倍。

在验证 ER7 涂层沙尘防护效果的基础上，进一步开展涂层对压气机叶片疲劳性能的试验研究。试验结果表明，ER7 涂层对三种压气机材料的疲劳强度影响不大，在可接受的范围内，钛合金叶片对疲劳性能比较敏感，疲劳强度下降了约 10%，可采用在叶片根部的疲劳敏感区域不喷涂涂层的方法提高疲劳强度。

然后开展采用 ER7 涂层的发动机外场小规模验证试验。改装 1 台 T64 发动机，全部压气机静叶和动叶都采用 ER7 涂层。未改装前，T64 发动机在沙漠环境下的平均装机使用时间(time-on-wing，TOW)为 113h，发动机返厂修理的主要原因是压气机叶片被沙尘磨蚀引起发动机整机功率衰减到规定的门限值；改装 ER7 涂层后，发动机 TOW 延长到 374h(约为未改装前的 3.3 倍)。

以上试验验证了 ER7 涂层具有良好的沙尘防护效果，达到了研究目标。美军同时开展了 ER7 涂层的经济性分析，建立了一种费效评估算法，按照 CH-53E 直升机机群 T64 发动机 TOW 提高至 2 倍计算，每投入 1 美元，能够回报 2.6 美元。回报主要体现在减少换发数量和次数、减少修理和大修次数、减少外场维护工时、提高直升机完好率和可用率等方面。

1.5.5　抗冲蚀涂层的应用情况

苏联从 20 世纪 70 年代就开始进行抗冲蚀磨损涂层的研究开发工作，并已将

TiN 基多元多层抗冲蚀磨损涂层成功应用于 TV2-117 和 TV3-117 发动机，装配该发动机的直升机型号分别有米-8、米-8MTV、米-17、米-24、米-28、卡-32、卡-50、卡-52 等，在沙漠环境下使用抗冲蚀涂层的发动机压气机冲蚀损耗率由未使用涂层的 80%降低至约 3%。

美国于 20 世纪 70 年代开始研究用 PVD 技术制备的 TiN 基硬质涂层的抗冲蚀磨损性能及其对基材力学性能的影响，该类涂层应用于海军 CH-46E 运输直升机发动机螺旋桨叶片上，从而使叶片的使用寿命大大提升。有报道指出，美国 H-53 直升机的 T64 发动机采用多元多层抗冲蚀磨损涂层，并于 2005 年应用于飞机、直升机和坦克等国防用发动机上。

GE 公司在 2010 年的研究报告 Helicopter Engine Technology for the 21st Century(21 世纪的直升机发动机技术)中介绍了未来直升机涡轴发动机重点发展的关键技术，提出了优化粒子分离器设计、改进叶型设计和叶片材料以及采用抗磨蚀涂层的综合解决方法。鉴于抗磨蚀涂层在 T64、T58 和 T700 发动机上的成功应用经验，GE 公司明确指出，将重点研发先进的抗沙尘磨蚀涂层技术。

Liburdi 公司分别在加拿大和美国设立 Liburdi Engineering Limited 和 Liburdi Dimetrics Corporation 公司，从 1988 年开始进行先进涂层应用技术研究。该公司曾于 1992 年参与 GE 公司的 T64 和 T58 发动机抗冲蚀研究工作，1993 年开始为美国空军和罗尔斯·罗伊斯公司的 T56(C130"大力神")发动机制备涂层，并于 1996 年获得认证，为美国空军 T56 发动机提供生产服务。1999 年，该公司开始为以色列空军 T56 发动机提供防护涂层，并于 2000～2003 年获得为 T55、T58、T64 和 AE1107 四个型号发动机提供涂层的资格认证。2004 年时已为罗尔斯·罗伊斯公司超过 2000 台 T56 发动机提供涂层防护，2007 年沙特和约旦空军选择 Liburdi 公司为 T56 发动机制备涂层。

目前，欧美发达国家已在 T64、T58、T700 等多种型号直升机发动机上大规模应用涂层技术，并逐渐推广应用到新研制的 GE38 和 HPW3000 涡轴发动机上。此外，美军在 DHC5"水牛"运输机和 C130"大力神"运输机近 10 万叶片上成功应用该涂层技术，由此可见抗沙尘磨蚀涂层技术具有广阔的应用前景。

参 考 文 献

[1] 关玉璞, 陈伟, 高德平. 航空发动机叶片外物损伤研究现状[J]. 航空学报, 2007(4): 851-857.

[2] 何光宇, 李应红, 柴艳, 等. 航空发动机压气机叶片沙尘冲蚀防护涂层关键问题综述[J]. 航空学报, 2015, 36(6): 1733-1743.

[3] 刘家浚. 材料磨损原理及其耐磨性[M]. 北京: 清华大学出版社, 1993.

[4] 董刚, 张九渊. 固体粒子冲蚀磨损研究进展[J]. 材料科学与工程学报, 2003(2): 307-312.

[5] HE G, SUN D, CHEN J, et al. Key problems affecting the anti-erosion coating performance of aero-engine compressor: A review[J]. Coatings, 2019, 9(12): 821-838.

[6] FINNIE I, MCFADDEN D H. On the velocity dependence of the erosion of ductile metals by solid particles at low angles of incidence[J]. Wear, 1978, 48(1): 181-190.

[7] BALL A, WILLMOTT S, RESENTE A, et al. The erosion of candidate materials for valves in coal gasification systems[J]. Wear, 1988, 123(2): 225-239.

[8] SIDHU H S, SIDHU B S, PRAKASH S. Comparative characteristic and erosion behavior of NiCr coatings deposited by various high-velocity oxyfuel spray processes[J]. Journal of Materials Engineering & Performance, 2006, 15(6): 699-704.

[9] ZHOU J R, BAHADUR S. Effect of blending of silicon carbide particles in varying sizes on the erosion of Ti-6Al-4V[J]. Wear, 1989, 132(2): 235-246.

[10] SARI N Y. Influence of erodent particle types on solid particle erosion of polyphenylene sulphide composite under low particle speed[J]. Polymer Composites, 2009, 30(10): 1442-1449.

[11] ANAND K. Flux effects in solid particle erosion[J]. Wear, 1987, 118(2): 243-257.

[12] MISRA A, FINNIE I. On the size effect in abrasive and erosive wear[J]. Wear, 1981, 65(3): 359-373.

[13] XIE J J, WALSH P M. Erosion-oxidation of carbon steel in the convection section of an industrial boiler cofiring coal-water fuel and natural gas[J]. Journal of Engineering for Gas Turbines and Power, 1997, 119(3): 717-722.

[14] LEVY A V, CHIK P. The effects of erodent composition and shape on the erosion of steel[J]. Wear, 1983, 89(2): 151-162.

[15] FOLEY T, LEVY A. The erosion of heat-treated steels[J]. Wear, 1983, 91(1): 45-64.

[16] WIEDERHORN S M, HOCKEYB J. Effect of material parameters on the erosion resistance of brittle materials[J]. Journal of Materials Science, 1983, 18(3): 766-780.

[17] SUNDARARAJAN G, ROY M. Solid particle erosion behaviour of metallic materials at room and elevated temperatures[J]. Tribology International, 1997, 30(5): 339-359.

[18] FINNIE I. Erosion of surfaces by solid particles[J]. Wear, 1960, 3(2): 87-103.

[19] BALAN K P, REDDY A V, JOSHI V, et al. The influence of microstructure on the erosion behaviour of cast irons[J]. Wear, 1991, 145(2): 283-296.

[20] NINHAM A. The effect of mechanical properties on erosion[J]. Wear, 1988, 121(3): 307-324.

[21] SRINIVASAN S, SCATTERGOOD R O. Effect of erodent hardness on erosion of brittle materials[J]. Wear, 1988, 128(2): 139-152.

[22] SHIPWAY P, HUTCHINGS I. The role of particle properties in the erosion of brittle materials[J]. Wear, 1996, 193(1): 105-113.

[23] BELL J, ROGERS P. Laboratory scale erosion testing of a wear resistant glass-ceramic[J]. Materials Science and Technology, 1987, 3(10): 807-813.

[24] HUSSAINOVA I, KUBARSEPP J, PIRSO J. Mechanical properties and features of erosion of cermets[J]. Wear, 2001, 250(1-12): 818-825.

[25] SINGH T, TIWARI S, SUNDARARAJAN G. Room temperature erosion behaviour of 304, 316 and 410 stainless steels[J]. Wear, 1991, 145(1): 77-100.

[26] 林业与生态编辑部. 携手防治荒漠化共创绿色未来[J]. 林业与生态, 2021(6): 1.

[27] 乞征, 向克胤, 刘彦雪. 涡轴发动机技术发展研究综述[J]. 飞航导弹, 2016(7): 83-86.

[28] 安双琪. 涡扇发动机的工作原理及应用综述[J]. 内燃机与配件, 2018(1): 68-70.

[29] 陈亮. 直升机发动机粒子分离装置研究综述[J]. 科技风, 2018(26): 166-167.

[30] BITTER J G A. A study of erosion phenomena: Part Ⅱ[J]. Wear, 1963, 6(3): 169-190.

[31] LEVY A V. The solid particle erosion behavior of steel as a function of microstructure[J]. Wear, 1981, 68(3): 269-287.

[32] HUTCHINGS I M. A model for the erosion of metals by spherical particles at normal incidence[J]. Wear, 1981, 70(3): 269-281.

[33] LAWN B R, SWAIN M V, PHILLIPS K. On the mode of chipping fracture in brittle solids[J]. Journal of Materials Science, 1975, 10(7): 1236-1239.

[34] OUYTSEL K V, FABRY A, BATIST R D, et al. Determination of the yield strength of nuclear reactor pressure vessel steels by means of amplitude-dependent internal friction[J]. Journal of Nuclear Materials, 2000, 279(1): 51-56.

[35] 吴小梅, 李伟光, 陆峰. 压气机叶片抗冲蚀涂层的研究及应用进展[J]. 材料保护, 2007(10): 54-57, 95.

[36] MARE P. Solid particle erosion testing of helicopter rotor blade materials[J]. Journal of Failure Analysis and Prevention, 2012, 12(1): 96-108.

[37] KULU P, ZIMAKOV S. Wear resistance of thermal sprayed coatings on the base of recycled hardmetal[J]. Surface & Coatings Technology, 2000, 130(1): 46-51.

[38] MICHAEL B. Wear of PVD Ti/TiN multilayer coatings[J]. Surface & Coatings Technology, 1997, 90(3): 217-223.

[39] DOBRZANSKI L A, LUKASZKOWICZ K. Erosion resistance and tribological properties of coatings deposited by reactive magnetron sputtering method onto the brass substrate[J]. Journal of Materials Processing Tech, 2004, 157: 317-323.

[40] LEYLAND A, MATTHEWS A. Thick Ti/TiN multilayered coatings for abrasive and erosive wear resistance[J]. Surface & Coatings Technology, 1994, 70(1): 19-25.

[41] BORAWSKI B, TODD J A, SINGH J, et al. The influence of ductile interlayer material on the particle erosion resistance of multilayered TiN based coatings[J]. Wear, 2011, 271(11-12): 2890-2898.

[42] WU W, CHEN W, YANG S, et al. Design of AlCrSiN multilayers and nanocomposite coating for HSS cutting tools[J]. Applied Surface Science, 2015, 351: 803-810.

[43] YANG Q, BIELAWSKI M, MCKELLAR R C. Microstructures, mechanical properties, and erosion resistance of unbalanced magnetron sputtering deposited TiN/VN nano-structured Coatings[J]. Metallography, Microstructure, and Analysis, 2012, 1(3-4): 150-157.

[44] 彭秀云. 航空发动机的表面涂层技术[J]. 航空制造技术, 2007(6): 83-85.

[45] PRAVEEN A S, SARANGAN J, SURESH S, et al. Optimization and erosion wear response of NiCrSiB/WC-Co HVOF coating using Taguchi method[J]. Ceramics International, 2016, 42(1): 1094-1104.

[46] JI G C, LI C J, WANG Y Y, et al. Erosion performance of HVOF-sprayed Cr_3C_2-NiCr coatings[J]. Journal of Thermal Spray Technology, 2007, 16(4): 557-565.

[47] 汤文博, 李永刚, 徐继达. 冲蚀条件下等离子喷涂 Al_2O_3 陶瓷涂层的磨损特性[J]. 郑州大学学报(工学版), 2002, 23(1): 39-41.

[48] MISHRA S B, PRAKASH S, CHANDRA K. Studies on erosion behaviour of plasma sprayed coatings on a Ni-based superalloy[J]. Wear, 2005, 260(4): 422-432.

[49] 徐向阳, 刘文今, 钟敏霖. 激光熔敷 NiCrBSi-WC 涂层的冲蚀磨损行为[J]. 应用激光, 2002(2): 119-122.

[50] 朱张校, 吴运新, 朱允明, 等. 1Cr11Ni2W2MoV 钢 CVD 沉积 TiN 涂层的耐磨抗振性能研究[J]. 机械工程材料,

　　　1999(3): 28-31.

[51] 许樵府. 离子镀在航空发动机中的应用[J]. 航空制造技术, 2002(7): 71-72.

[52] KRELLA A K. The new parameter to assess cavitation erosion resistance of hard PVD coatings[J]. Engineering Failure Analysis, 2010, 18(3): 855-867.

[53] TABAKOFF W. Protection of coated superalloys from erosion in turbomachinery and other systems exposed to particulate flows[J]. Wear, 1999, 233(1): 200-208.

[54] 何光宇, 李应红, 柴艳,等. 航空发动机压气机叶片砂尘冲蚀防护涂层关键问题综述[J]. 航空学报, 2015, 36(6): 1733-1743.

第 2 章　航空发动机压气机冲蚀损伤机理

冲蚀现象很早就被发现，但微切削理论 1958 年才被提出。冲蚀理论的发展如图 2.1 所示。针对不同的应用背景和材料对象，冲蚀理论经历了塑性材料微切削理论、变形磨损理论、弹塑性压痕破裂理论和裂纹门槛值计算等发展阶段。不同冲蚀理论的适用情况不同，相对于塑性材料冲蚀理论，脆性材料冲蚀理论起步较晚，目前使用较多的主要是弹塑性压痕破裂理论，该理论成功解释了刚性粒子在较低温度下对脆性材料的冲蚀行为。直到 21 世纪初，冲蚀模型逐渐与材料实际服役工况相结合，丰富了模型的适用条件，进一步扩展至涂层冲蚀性能预测模型的相关研究。

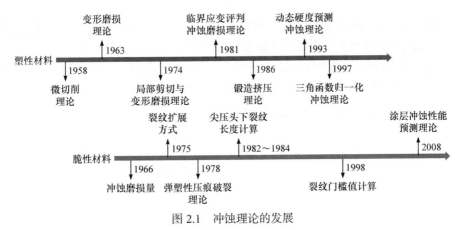

图 2.1　冲蚀理论的发展

2.1　材料的冲蚀损伤理论

研究材料冲蚀磨损行为旨在揭示各种材料的冲蚀磨损机理及影响冲蚀磨损的主要因素，为控制或减少冲蚀磨损并为研制新材料体系提供理论依据，进而提高部件和材料服役寿命及可靠性。自 20 世纪 50 年代 Finnie[1] 提出冲蚀微切削模型以来，国内外研究人员对冲蚀磨损机理陆续开展了大量研究，图 2.2 为冲蚀角对冲蚀率的影响规律。Finnie 建立了多种冲蚀磨损模型和冲蚀磨损理论，这些模型和理论在一定条件下解释了冲蚀行为和现象。本节针对航空发动机叶片防护，从塑性材料、脆性材料两等方面介绍一些典型冲蚀理论及模型。

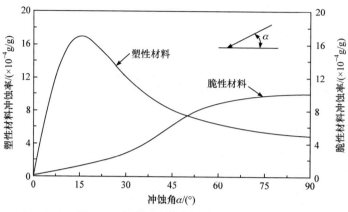

图 2.2　冲蚀角对冲蚀率的影响规律[1]

2.1.1　塑性材料的冲蚀理论

1. 微切削理论

1958 年，Finnie[1]将粒子冲蚀材料表面简化为微型刀具切削造成材料损失的粒子切削材料理论模型，如图 2.3 所示，粒子重心的速度方向与材料表面成 α 角，基于该模型，Finnie 提出材料微切削理论[1]。模型中假设粒子为刚性粒子，当质量为 m_p 的刚性粒子以初始速度 v_p 和冲蚀角 α 入射到材料表面后，通过求解粒子的运动方程得到材料的体积损失 V_e，见式(2.1)：

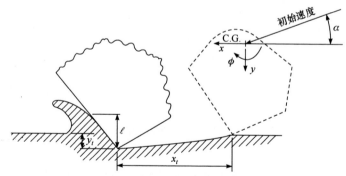

图 2.3　粒子切削材料理论模型[1]

$$V_e = \begin{cases} \dfrac{Km_p v_p^2}{P}(\sin 2\alpha - 3\sin^2 \alpha) & (\alpha \leqslant 18.5°) \\[4mm] \dfrac{Km_p v_p^2}{P}\dfrac{\cos^2 \alpha}{3} & (\alpha > 18.5°) \end{cases} \tag{2.1}$$

式中，K 为常数；m_p 为粒子质量；v_p 为冲蚀速度；P 为粒子与受冲蚀材料之间流动压力水平分量；α 为冲蚀角。

　　图 2.4 为典型塑性材料不同角度下的冲蚀曲线，Finnie[2]对钢、铝、镁等典型塑性材料进行了试验对比，大部分塑性材料满足微切削理论。

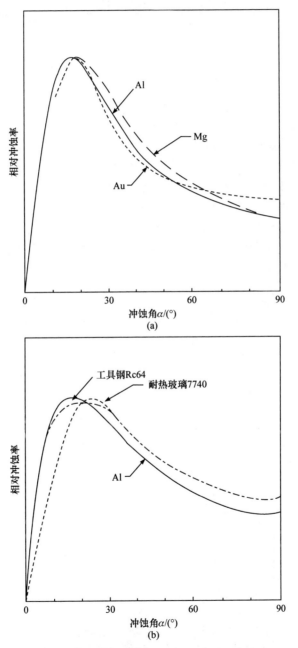

图 2.4　典型塑性材料不同角度下的冲蚀曲线[2]

试验结果表明，该模型仅适用于低冲角、多角形刚性粒子和塑性材料，且并未对非多角形(如球形粒子)、脆性材料和高冲角的冲蚀过程进行解释。此外，大量试验数据表明微切削理论模型中材料的体积损失与冲蚀速度并不成平方关系，这是由于冲蚀过程中粒子会发生自旋。因此，Finnie 将微切削理论公式进行了修改，见式(2.2)：

$$V_F = \begin{cases} \dfrac{cm_{\mathrm{p}}v_{\mathrm{p}}^{n}}{P}\left(\sin 2\alpha - 3\sin^2\alpha\right) & (\alpha \leqslant 18.5°) \\[3mm] \dfrac{cm_{\mathrm{p}}v_{\mathrm{p}}^{n}}{P}\dfrac{\cos^2\alpha}{3} & (\alpha > 18.5°) \end{cases} \qquad (2.2)$$

式中，c 为以理想方式切削材料的粒子分数；n 为速度指数，在 2.2～2.4 变化[3]。当冲蚀粒子为球形时，n 会增大至 3.0[4]。图 2.5 为 Finnie 微切削理论模型与试验结果对比图，其中曲线 1 和曲线 2 为理论值，曲线 3 为实际试验值。可以看出，该理论模型较为准确地预测了在低冲角下的相对冲蚀率，但在高冲角($\alpha > 40°$)下，理论值常低于实际试验值，尤其在 α 为 90°时，相对冲蚀率为 0，这是模型忽略了材料冲蚀而造成的硬化[5]，以及高角度冲蚀导致的材料温度增加、反复塑性变形造成的疲劳受损[6]。

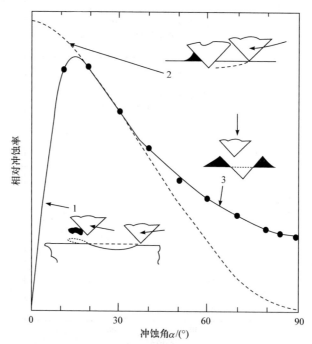

图 2.5　Finnie 微切削理论模型与试验结果对比图[5]
曲线 1、2 为理论值，曲线 3 为实际试验值，曲线 3 与曲线 1、2 有重合段

2. 变形磨损理论

1963 年，Bitter 在 Finnie 提出的微切削理论基础上，充分考虑冲蚀碰撞过程中材料的反复变形并提出变形磨损理论[7]，其中得出 90°冲蚀角下的冲蚀磨损与粒子冲击时材料的变形有关，且反复冲击会产生加工硬化并提高材料的弹性极限。当粒子冲击平面的冲击应力(σ)小于材料屈服强度(σ_s)时，材料只发生弹性变形；粒子冲击平面的冲击应力大于材料屈服强度时，材料表面形成裂纹。因此，材料将产生弹性变形和塑性变形两种变形。设 W_D 为变形磨损质量损失，W_C 为切削磨损质量损失，其表达式分别见式(2.3)和式(2.4)：

$$W_D = M\left(V\sin\alpha - K\right)^2 / 2\varepsilon \tag{2.3}$$

$$W_C = \begin{cases} W_{C1} = \dfrac{2MC\left(V\sin\alpha - K\right)^2}{\left(V\sin\alpha\right)^{1/2}} \times \left(V\sin\alpha - \dfrac{C\left(V\sin\alpha - K\right)^2}{V\sin\alpha^{1/2}}Q\right) & (\alpha < \alpha_0) \\[4mm] W_{C2} = \dfrac{M}{2Q}\left[V^2\cos^2\alpha - K_1\left(V\sin\alpha - K\right)^{3/2}\right] & (\alpha > \alpha_0) \end{cases} \tag{2.4}$$

式中，M 为冲蚀粒子的质量；V 为粒子的速度；α 为冲蚀角度(α_0 是 $W_{C1}=W_{C2}$ 时的冲蚀角)；ε 为变形磨损系数；C、K、K_1 为常数；Q 为切削磨损系数。

W_t 为总的冲蚀质量损失，见式(2.5)：

$$W_t = W_D + W_C \tag{2.5}$$

变形磨损理论在单颗粒冲蚀磨损试验中得到了验证，其改善了 Finnie 微切削理论在高角度冲蚀下计算误差大的问题，能较好地解释塑性材料的冲蚀现象。

3. 局部剪切与变形磨损理论

1974 年，Hutchings 等[8]基于应变提出了局部剪切与变形磨损理论，采用高速摄像机观察单颗球形粒子冲击材料表面时的运动轨迹，并发现了受冲击材料的局部变形，根据试验结果提出铲削、犁削和切削三种冲蚀损伤模型，如图 2.6 为金属材料冲蚀局部变形示意图。

4. 临界应变评判冲蚀磨损理论

1992 年，Hutchings[4]通过研究球形粒子撞击材料的冲蚀行为，对 Finnie 预测的速度指数进行了修改，将指数范围扩展至 3.0。Hutchings 指出，冲蚀过程中的高应变率提高了材料本身的塑性性能，屈服应力随应变率的增加而增加，这种效应将导致材料具有更高的动态硬度，从而降低其冲蚀率。Hutchings 根据试验得出，冲蚀过程中约有 90%的能量被转变为材料的塑性变形，因此计算中可以忽略弹性

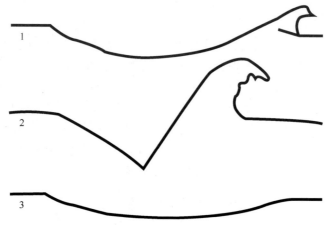

图 2.6　金属材料冲蚀局部变形示意图[8]
1-铲削；2-犁削；3-切削

变形。在冲蚀过程中，表面的材料不会立刻被冲蚀掉，而是在材料内部积累塑性应变。基于此，Hutchings 提出以临界应变作为冲蚀磨损的评判标准，即只有当形变达到临界值 ε_c 时，才会发生材料损失，如图 2.7 所示。Hutchings 把 ε_c 看作材料的一种性质，并作为材料塑性的衡量指标，该指标对应变率和温度较为敏感。他假设大量随机分布的球形粒子以相同速度冲击靶面，从而使靶材产生相同模式的弹性变形，并据此推导出冲蚀率等式，见式(2.6)：

$$\varepsilon = 0.033 \frac{\alpha\rho\sigma^{1/2}v^3}{\varepsilon_c^2 P^{3/2}} \tag{2.6}$$

式中，ε 为材料质量冲蚀率；α 为表征压痕量的体积分数；ρ 和 σ 分别为靶材和粒子的密度；v 为冲击速度；P 为外压力。

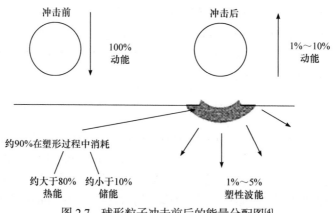

图 2.7　球形粒子冲击前后的能量分配图[4]

　　此外，Hutchings 指出在金属冲蚀模型中，有必要测量材料的塑性或冲蚀条件下的断裂韧性，以辅助分析其冲蚀性。同时提出，高硬度和高塑性有利于提高材料的抗冲蚀性能。

5. 锻造挤压理论

　　1986 年，Levy[9]利用分步冲蚀和单颗粒冲蚀详细研究了冲蚀的动态过程，并采用扫描电子显微镜对冲蚀区域和磨屑进行观察，提出了塑性材料的锻造挤压理论(Platelet 理论)。研究发现，当粒子冲蚀材料表面时，冲蚀区域的材料受到挤压，会产生冲击凹坑和挤压唇，受冲击的挤压唇将表层吸收的冲击动能转化为热能，导致挤压唇温度达到或接近材料的再结晶温度，使挤压唇软化，而次表层由于塑性变形发生加工硬化。在后续粒子的持续作用下，挤压唇很快会从材料表面剥落下来。图 2.8 是锻造挤压理论模型示意图。锻造挤压理论模型较好地弥补了微切削模型在高角度冲蚀条件下的不足。

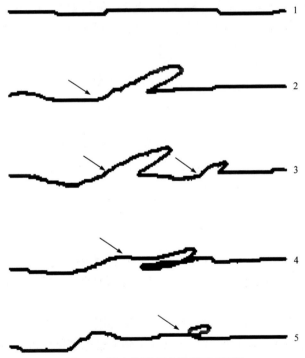

图 2.8　锻造挤压理论模型示意图[9]

1-初始表面；2-第一次冲击形成挤压唇；3-继续冲击锻造；4-形成薄片；5-形成磨屑掉落

6. 动态硬度预测冲蚀理论

　　1993 年，Oka 等[10]研究认为固体颗粒冲击材料表面会改变其表面动态硬度等力学性能，冲蚀结果会受到冲蚀过程中材料表面动态硬度变化的影响，这使材料冲蚀性能评价变得更加困难。通过对多种金属材料表面动态硬度及其冲蚀损伤的研究，建立了基于动态压痕与材料表面动态硬度关系的冲蚀预测公式，见式(2.7)：

$$\varepsilon = K(\mathrm{HV})^{-n} \tag{2.7}$$

由于冲蚀过程中材料表面动态硬度 HV 随加工硬化和热引起的软化而发生变化，因此 HV 用材料初始硬度 HV_0 表示为 $\mathrm{HV} = \alpha\beta\mathrm{HV}_0$，材料冲蚀率见式(2.8)：

$$\varepsilon = K(\alpha\beta\mathrm{HV}_0)^{-n} \tag{2.8}$$

式中，ε 为材料冲蚀率，表示单位供沙量下材料的体积损失；α 为冲蚀过程中硬度的增加量与初始硬度 HV_0 的比值，与加工硬化有关；β 为由热软化引起的硬度变化的分数比，与材料表面的温度有关；n 为与冲蚀颗粒、角度有关的指数。

7. 三角函数归一化冲蚀理论

1997 年，Oka 等[11]研究了几种金属、塑料、陶瓷材料的体积冲蚀率与冲蚀角的关系，推导出三角函数冲蚀预测公式，该公式以重复冲击变形和切削损伤两个因素的乘积表达，见式(2.9)：

$$\varepsilon = k(A\sin\alpha)^{n_1}(B - C\sin\alpha)^{n_2} \tag{2.9}$$

式中，$k(A\sin\alpha)^{n_1}$ 与冲蚀能量的垂直分量有关，近似于重复冲击变形；$(B - C\sin\alpha)^{n_2}$ 为与切削作用有关的近似水平分量；ε 为材料冲蚀率，表示单位供沙量下材料的体积损失；α 为冲蚀角；k、A、B、C、n_1、n_2 为与冲蚀条件有关的参数和指数。

为了方便在给定条件下估算材料的冲蚀损伤，Oka 等将上述三角函数预测模型进行了归一化处理，见式(2.10)：

$$\varepsilon' = K_{90}(\mathrm{HV}_0)^{-n}(\sin\alpha)^{n_1}\left(\frac{k_2 - \sin\alpha}{k_2 - 1}\right)^{n_2} \tag{2.10}$$

式中，K_{90} 和 n 为 90° 冲蚀条件下的参数，由冲蚀条件决定，如冲击速度、颗粒的形状大小等。对于冲蚀材料，这一模型可通过 90° 冲蚀的结果预测某冲蚀角下的材料损伤。

上述几种理论中，微切削理论、变形磨损理论和锻造挤压理论影响最大。其中，微切削理论适用于解释刚性粒子低入射角冲蚀的切削情况，变形磨损理论则着重于冲蚀过程中的变形历程和能量变化，锻造挤压理论侧重于高冲角的材料塑性变形过程。Hutchings 模型的意义在于引入临界应变来评价材料的冲蚀行为，但还不够完善。Oka 等的三角函数模型从冲蚀机理出发，将冲蚀模型用低冲角的切削与高冲角的重复冲击来描述，与航空发动机叶片冲蚀机理契合[12]，这对于发动机压气机叶片和防护涂层冲蚀预测模型的建立具有一定指导意义。此外，其他较有影响的冲蚀理论有脱层理论[13]、压痕理论[14]等。

2.1.2 脆性材料的冲蚀理论

相对于塑性材料冲蚀理论，脆性材料冲蚀理论的研究起步较晚。1966 年，学者对球状粒子冲蚀脆性材料行为进行了研究，提出只要冲蚀速度足够大，或冲蚀载荷大到一定程度，在粒子冲击点下材料会发生塑性变形，在冲蚀附近的缺陷处可能萌生环状裂纹——赫兹裂纹，由此建立了第一个脆性材料的冲蚀理论。随着进一步研究，学者们在脆性材料的裂纹扩展方式上取得突破。此外，基于赫兹裂纹提出弹塑性压痕破裂理论，给出粒子冲蚀脆性材料的冲蚀理论。根据弹塑性压痕破裂理论，学者们开展了尖锐粒子冲击下材料裂纹的计算研究，并给出裂纹门槛值计算方法。直到 20 世纪初，脆性防护涂层抗冲蚀性能预测理论也得到了发展，使得脆性材料冲蚀理论的研究，实现从模型到工程应用的飞跃式发展。

1. 冲蚀磨损量

脆性材料冲蚀机理研究始于 20 世纪 60 年代。1966 年，Sheldon 等[15]对球状粒子冲蚀脆性材料行为进行了研究，提出如果载荷大到一定程度或冲击速度足够大，在入射粒子冲击点下方会出现塑性变形，附近存在缺陷的地方可能萌生环状裂纹，即赫兹裂纹。基于此，建立了脆性材料的冲蚀模型，并得到脆性材料在单位质量冲蚀粒子下的磨损量，见式(2.11)，其中 K_1 的表达式见式(2.12)：

$$E = K_1 r^a v_0^b \tag{2.11}$$

$$K_1 \propto E^{0.8}/\sigma_b^2 \tag{2.12}$$

式中，E 为弹性模量；σ_b 为弯曲强度；r 为粒子尺寸；v_0 为冲蚀速度。对于球形粒子，$a = 3\dfrac{m}{m-2}$；对于多角粒子，$a = 3.6\dfrac{m}{m-2}$；对于任意形状的粒子，$b = 2.4\dfrac{m}{m-2}$。

2. 裂纹扩展方式

1975 年，Lawn 等[16]研究了多角粒子冲击脆性材料时的裂纹萌生及其扩展情况。可以观察到垂直和平行于材料表面的初生径向裂纹和横向裂纹，前者削弱了材料强度，后者导致材料损失，其被确认是材料流失的根源。

图 2.9 是脆性材料典型裂纹形态示意图[17]。在大粒径球形粒子低速冲蚀时，

材料表面一般只会发生弹性形变。但是，当达到临界应力，圆形裂纹会从表面开始萌生，并向材料内部传播，形成圆锥形裂纹，如图 2.9 中 1 所示。当多个裂纹相交时，材料体积损失会显著增加。相对于大粒径球形粒子低速冲蚀，小粒径球形粒子高速的情形在沙尘环境中更加普遍。小粒径球形粒子对材料的冲蚀类似于用锋利锥体的尖端压入脆性材料，所产生的裂纹如图 2.9 中 2~5 所示。在撞击的时刻，大的接触压力使材料产生塑性变形，直到粒子达到压入的最大深度。当压力达到临界水平，在压痕棱线方向和压痕底部，分别萌生径向裂纹和纵向裂纹(图 2.9 中 2 和 3)不断扩展，汇聚成半圆盘形的裂纹(图 2.9 中 4)。

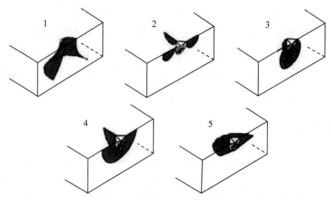

图 2.9　脆性材料典型裂纹形态示意图[17]
1-圆锥形；2-径向；3-纵向；4-半圆盘形；5-横向

3. 弹塑性压痕破裂理论

1978 年，基于圆锥形裂纹的扩展、交叉导致材料剥落的过程，Evans 等[18]提出了脆性材料的弹塑性压痕破裂理论。该理论认为压痕区域下形成了弹性变形区，在冲击载荷作用下，中间裂纹从弹性形变区向下扩展形成径向裂纹。同时，在最初的负荷超过中间裂纹的门槛值时，即使没有持续载荷，材料的残余应力也会导致横向裂纹的扩展。Evans 等根据粒子透入材料表面时不产生破坏的假定，推导出材料的体积冲蚀量 V_e，见式(2.13)：

$$V_e \propto v_P^{19/6} D^{11/3} \rho_P^{19/12} H^{-1/4} K_{IC}^{-4/3} \tag{2.13}$$

式中，v_P 为粒子速度；D 为粒子的等效直径；ρ_P 为粒子的密度；H 为材料的表面硬度；K_{IC} 为材料的断裂韧性。材料发生断裂的临界速度 v_c，见式(2.14)：

$$v_c \propto K_{IC}^2 H^{-1.5} \tag{2.14}$$

1979 年，Wiederhorn 等[19]提出评价单个尖锐粒子冲蚀材料表面造成体积损失的模型。该模型将粒子压入材料的过程看作准静态过程，粒子的动能完全通过塑性变形而耗散掉，从而推导出单个粒子的材料体积损失表达式，见式(2.15)：

$$V_e \propto v_P^{22/9} D^{11/3} \rho_P^{11/9} K_{IC}^{-4/3} H^{1/9} \tag{2.15}$$

发生断裂的临界速度 v_c，见式(2.16)：

$$v_c \propto K_{IC}^3 H^{-2.5} \tag{2.16}$$

值得注意的是，硬度在式(2.14)和式(2.16)中均占比很小。

图 2.10 为玻璃中裂纹扩展结果。该结果是玻璃球以 140m/s 的速度垂直冲击玻璃靶材表面时形成的。冲击过程中采用高速摄像机进行监测，拍照时间间隔为 1μs。第 4 幅图中 R 为圆锥形裂纹的半径[20]。试验证明，低温条件下，刚性粒子冲蚀脆性材料造成的磨损现象可以用弹塑性压痕破裂理论解释。

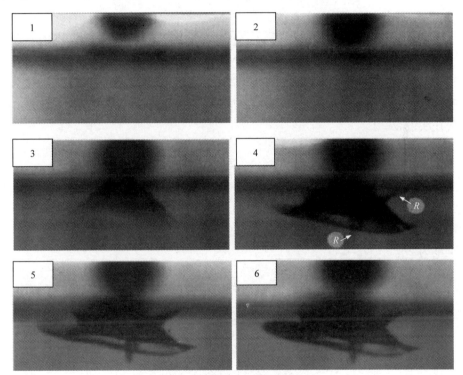

图 2.10　玻璃中裂纹扩展结果[20]

4. 尖压头下裂纹长度计算

Marshall 等[21,22]基于弹塑性压痕破裂理论，对任意形状压头的弹塑性压痕破裂进行分析。分析的基础是认为残余压痕应力场为裂纹的扩展形成提供了驱动力，从而确定压头几何尺寸、压痕体积和材料性能之间的关系，进一步推导出尖压头下径向裂纹和横向裂纹长度的计算公式。

尖压头下径向裂纹长度和横向裂纹长度，见式(2.17)和式(2.18)：

$$C_r = \beta^{2/3} E^{1/3} H^{1/3} \frac{\delta V^{4/9}}{K_{IC}^{2/3}} \tag{2.17}$$

$$C_l = C_l^L \sqrt{1-D} \tag{2.18}$$

式中，E 为弹性模量；H 为硬度；K_{IC} 为断裂韧性；δV 为压痕体积；维氏压头的形状系数 $\beta = 0.096$；C_l^L 和 D 的表达式见式(2.19)和式(2.20)：

$$C_l^L = 3^{5/12} \frac{\alpha^{5/24} \sqrt{\zeta_L}}{A^{1/4}} \frac{E^{3/8} H^{1/8} \delta V^{5/12}}{\sqrt{K_{IC}}} \tag{2.19}$$

$$D = \frac{1}{3^{1/6}} \frac{\zeta_0^{1/4}}{\alpha^{1/12} \sqrt{A}} \frac{E^{1/4} K_{IC}}{H^{5/4} \delta V^{1/6}} \tag{2.20}$$

式中，ζ_0、ζ_L 为试验条件参数，$\zeta_0 = 1.2 \times 10^3$，$\zeta_L = 1.0 \times 10^{-3}$；对于 1/4 盘状横向裂纹，系数 $A = 0.75$；系数 C_l^L 为横向最长裂纹的尺寸；α 为压头的形状系数，维氏压头的 $\alpha = 2$。

5. 裂纹门槛值计算

1998 年，Slikkerveer 等[23]从基本压痕模型出发，给出了压痕径向/横向裂纹产生时的压痕体积门槛值计算公式。图 2.11 为压痕示意图，由径向应力 P 引起的应力场内，压痕体积 δV 决定了塑性变形区的尺寸，压痕的宽度为 $2a$，塑性变形区的宽度为 $2b$。

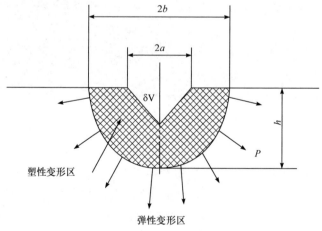

图 2.11　压痕示意图[23]

由于压痕裂纹的形成在塑性变形区增大到一定尺寸时出现，因而裂纹萌生的门槛条件可以表达为压痕体积的门槛值，径向裂纹和横向裂纹萌生时的压痕体积门槛值 δV_r 和 δV_l 的表达式分别见式(2.21)和式(2.22)：

$$\delta V_r = \left(\frac{3}{2\pi}\right)^3 \frac{\mu^6}{\beta^6} \frac{E^{3/2} K_{IC}^6}{H^{15/2}} \tag{2.21}$$

$$\delta V_l = \frac{1}{3} \frac{\zeta_0^{3/2}}{\alpha^{1/2} A^3} \frac{E^{3/2} K_{IC}^6}{H^{15/2}} \tag{2.22}$$

式中，K_{IC}、E、H 分别为材料的断裂韧性、弹性模量和硬度；β 和 μ 为依赖于材料和压头形状的无量纲常数，对于维氏压头，$\beta = 0.096$，$\mu = 0.63$；α 为压头的形状系数，维氏压头的 $\alpha = 2$；ζ_0 为试验条件参数，对于维氏压头，$\zeta_0 = 1.2 \times 10^3$；对于 1/4 盘状横向裂纹，$A = 0.75$。将这些参数代入式(2.21)式(2.22)，得到式(2.23)和式(2.24)：

$$\delta V_r = 8.708 \times 10^3 \frac{E^{3/2} K_{IC}^6}{H^{15/2}} \tag{2.23}$$

$$\delta V_l = 2.323 \times 10^4 \frac{E^{3/2} K_{IC}^6}{H^{15/2}} \tag{2.24}$$

此外，虽然每秒数百米的冲击速度不是准静态的，但冲击速度与脆性材料中的弹塑性变形速度相比小得多。因此，Slikkerveer 等认为准静态压痕理论可用于固体颗粒冲蚀。撞击时粒子的减速会在基底上产生压痕力。然而，在动能与撞击过程中做功相等的情况下，使用能量考虑更为方便。冲击过程中，弹性功仅占总功的 1%~4%，因此可忽略这部分弹性功。从压痕硬度定义的角度得到裂纹萌生的门槛动能，见式(2.25)：

$$U_{kin} = \int_0^{\xi_m} P(\xi) d\xi = \int_0^{\xi_m} A_{in}(\xi) d\xi = H\delta V \tag{2.25}$$

式中，$P(\xi)$ 为在压痕深度为 ξ 时的压痕力；ξ_m 为压痕最大深度；δV 见式(2.26)：

$$\delta V = \frac{U_{kin}}{H} \tag{2.26}$$

产生径向裂纹和横向裂纹的门槛动能 U_{kin}^r 和 U_{kin}^l 表达式分别见式(2.27)和式(2.28)：

$$U_{kin}^r = 8.708 \times 10^3 \frac{E^{3/2} K_{IC}^6}{H^{13/2}} \tag{2.27}$$

$$U_{kin}^l = 2.323 \times 10^4 \frac{E^{3/2} K_{IC}^6}{H^{13/2}} \tag{2.28}$$

由式(2.27)和式(2.28)可得到单颗粒子冲击产生径向裂纹所需动能约为产生横

向裂纹所需动能的 0.375 倍，由此可见径向裂纹远比横向裂纹更易产生。

Slikkerveer 等假设粒子撞击产生的径向裂纹降低了材料的强度，初始径向裂纹造成了材料缺陷。裂纹前端的应力集中系数 K_I 表达式见式(2.29)：

$$K_I = Y\sigma\sqrt{c} + \beta E^{1/2}H^{1/2}\frac{\delta V^{2/3}}{c^{3/2}} \tag{2.29}$$

式中，Y 为裂纹的形状系数，对于径向裂纹，$Y = 1.26$。等号右边第一项描述了外部应力 σ，即压头压应力的贡献。第二项为来自压痕塑性区残余应力场的贡献。

当 $dK_I/dc = 0$ 时，材料发生失效，得到失效时的裂纹长度，见式(2.30)：

$$C_{\text{rin}} = (4\beta)^{2/3}\frac{E^{1/3}}{K_{\text{IC}}^{2/3}H^{1/9}}U_{\text{kin}}^{4/9} \tag{2.30}$$

失效应力见式(2.31)：

$$\sigma_{\text{rin}} = \frac{3}{4Y}\left(\frac{1}{4\beta}\right)^{1/3}\frac{K_{\text{IC}}^{4/3}H^{1/18}}{E^{1/6}}U_{\text{kin}}^{-2/9} \tag{2.31}$$

式(2.31)为材料中径向裂纹的失稳判据，当高于该应力时径向裂纹发生扩展。由于 $U_{\text{kin}} = U_{\text{kin}}^{\text{r}}$ 时，径向裂纹出现，因此材料的失稳判据见式(2.32)：

$$\sigma_{\text{rin}} \approx 6.148\frac{H^{3/2}}{E^{1/2}} \tag{2.32}$$

在固体粒子冲击涂层材料时，粒子速度的损失转换为作用于涂层的冲击力，在该冲击力的反复作用下，涂层材料产生疲劳，导致涂层材料疲劳断裂。由于涂层中不可避免地还存在微观组织缺陷，发生涂层材料去除的实际应力门槛值将低于式(2.32)的结果。

粒子冲击涂层产生压痕的最大深度或冲击粒子的最大位移 $\delta_{\max}$ 见式(2.33)：

$$\delta_{\max} = \left(\frac{5\pi\rho V^2}{4E^\phi}\right)^{2/5} \tag{2.33}$$

式中，V 为粒子的冲击速度；ρ 为粒子密度；E^ϕ 为降低的弹性模量。由式(2.33)计算得式(2.34)：

$$\frac{1}{E^\phi} = \left(\frac{1-\nu_t^2}{E_t}\right) + \left(\frac{1-\nu_p^2}{E_p}\right) \tag{2.34}$$

式中，E_t、E_p 分别为涂层和冲击粒子的弹性模量；ν_t、ν_p 为涂层和冲击粒子的泊松比。

使涂层材料横向裂纹扩展的粒子冲击速度门槛值计算式见(2.35)：

$$V_{\text{crn}} = 105 \frac{E_r^{3/4} K_{\text{IC}}^3}{H^{13/4} \rho_p^{1/2} r^{2/3}} \tag{2.35}$$

式中，K_{IC} 为涂层的断裂韧性；r 为粒子的半径。

在涂层的机械性能参数中，硬度、弹性模量和冲击韧性对涂层的冲蚀磨损量有重要影响。在冲击粒子动能一定的条件下，随着 H/E 比值增大，涂层冲蚀磨损量减少。H/E 比值越大，即涂层的冲击韧性越高，涂层的冲蚀磨损量越小。另外，冲蚀粒子的动能对涂层的冲蚀磨损量有重要影响，随着冲蚀粒子动能的增加，涂层的冲蚀磨损量增大。

6. 涂层冲蚀性能预测理论

2008 年，Hassani 等[24]提出采用半经验和数值仿真方法预测涂层的抗冲蚀性能，将有限元计算所得的冲蚀数据与材料实际冲蚀数据进行比较，提出了一个半经验模型，以预测涂层的实际冲蚀率，具体见式(2.36)：

$$\varepsilon_R = C_p W / m_p \tag{2.36}$$

式中，ε_R 为理论冲蚀率；C_p 为比例常数；W 为材料的体积去除量；m_p 为单个碰撞粒子的质量。

以 TiN 涂层为例，Sapieha 采用该模型得到 TiN 涂层的比例常数 C_p 为 0.009±0.001，最终得到 TiN 涂层的理论冲蚀率与试验数据非常吻合。随后，Sapieha 又研究了 H/E 和 H^3/E^2 两个参数对涂层冲蚀性能的影响，并根据 H^3/E^2 的值对涂层抗冲蚀性能进行排序，得到 H^3/E^2 在 0.5～0.6GPa 的涂层是增强固体颗粒冲蚀防护的最优选择区间。不足的是，该理论的冲蚀条件中没有包含冲蚀角这一关键冲蚀条件。

由于抗冲蚀材料的多样性、冲蚀行为的复杂性，至今仍没有一个公认的、普遍适用的公式可以描述冲蚀问题。此外，相关冲蚀理论模型一般都有许多前提假设。然而，航空发动机实际冲蚀环境更为复杂，材料冲蚀与防护条件相对苛刻，如冲蚀粒子的形状不规则、粒径大小不一、材料表面存在缺陷等因素之间相互影响等。因此，需要从航空发动机冲蚀特征出发，研究其在服役环境下的冲蚀机理，建立更加贴近实际工况的冲蚀模型和试验研究，为航空发动机防护涂层设计提供理论依据。

2.2　先进航空发动机压气机冲蚀典型特征与损伤机理

先进航空发动机风扇/压气机大多采用质量轻、比强度高的钛合金材料。航空发动机压气机转速高、外形复杂，导致航空发动机压气机的冲蚀问题与工业领域的冲蚀问题有显著差异。传统理论条件与航空发动机压气机真实服役条件差异较大，很难支撑航空发动机压气机冲蚀损伤与防护的设计问题。试验结果表明，简单的单层硬质涂层并不能起到很好的防护效果，实际服役环境中的沙粒具有对压气机的高应变率冲击、二次冲蚀、疲劳冲蚀、多角度冲蚀等诸多特征，这是导致涂层迅速剥落失效的根本原因，也是压气机沙尘防护涂层设计的难点问题。因此，需要从压气机冲蚀典型特征出发，开展航空发动机压气机冲蚀损伤的新机理研究，从而对抗冲蚀涂层的设计提供理论支撑。

2.2.1　高应变率冲击

航空发动机压气机叶片处于高速旋转状态，叶尖等局部位置上的相对速度高达 400~500m/s。采用数值计算方法，建立基体-涂层、单颗沙粒三维模型，其长、宽、高分别为 1000μm、500μm、500μm，涂层总层厚为 24μm，共 8 层，厚层比为 1∶1，沙粒直径约为 200μm，颗粒冲击速度为 400m/s，冲蚀角度为 45°。

经计算，沙尘颗粒与叶片相互碰撞产生的应变率达到 $10^9 s^{-1}$[图 2.12(a)]。相比准静态力学条件(应变率为 10^{-4}~$10^{-2} s^{-1}$)，无论是基体还是涂层在动态力学条件下(应变率为 10^2~$10^4 s^{-1}$)的响应特性和力学行为都有显著不同。沙粒冲击后的应力分布如图 2.12(b)所示。沙粒以高速冲击多层涂层表面时，涂层主要以层间拉应力为主，产生拉应力环，当颗粒向下移动时，涂层表面的拉伸应力峰值沿半径向外传播，同时陶瓷涂层的拉伸强度差，很容易导致环形裂纹的产生。这些环形裂纹和界面处的径向裂纹相互连接导致涂层剥落，如图 2.12(c)所示。环形裂纹的产生是涂层失效的主要原因。

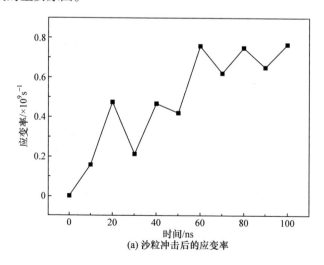

(a) 沙粒冲击后的应变率

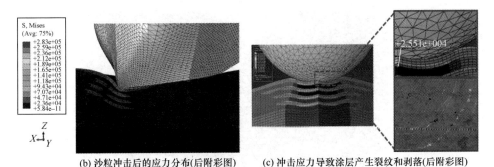

(b) 沙粒冲击后的应力分布(后附彩图)　　(c) 冲击应力导致涂层产生裂纹和剥落(后附彩图)

图 2.12　沙粒以 400m/s 速度冲击涂层的力学行为

目前，对于涂层在高应变率冲击条件下导致的损伤问题研究仍然较少，而高应变率条件下涂层结构优化设计的系统研究更为匮乏，人们对高应变率冲击下涂层性能的了解仍十分有限。针对服役环境特点，第 5 章将介绍目前开展的一些涂层高应变率动态性能试验测试，为相关研究者提供后续研究参考。

2.2.2　二次冲蚀磨损

二次冲蚀是冲蚀磨损中的常见现象。沙粒的主要成分是二氧化硅，自然环境中的沙子含有多种元素，如 Ca、Fe、Mg 等。无论是低角度冲蚀还是高角度冲蚀，冲蚀后破碎的沙粒都会随着气流方向继续冲蚀磨损材料表面,称为二次冲蚀现象。图 2.13 中，沙粒与涂层表面所夹锐角为冲蚀角 α。

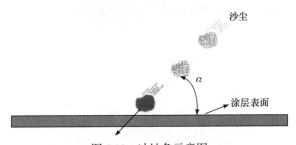

图 2.13　冲蚀角示意图

图 2.14 为高速相机下单颗沙粒冲击材料表面的动态过程。结果显示，不同角度下，沙粒在冲击材料表面后均会出现不同程度的破碎，且随着冲蚀角的增大，破碎现象更加明显。破碎后的沙粒会二次冲蚀材料表面，大量的小沙粒共同作用材料表面后对材料表面造成再次的冲蚀损伤。对于一般工程应用，二次冲蚀并不会对冲蚀结果带来显著影响，但在航空发动机服役中，由于流场中的加速作用以及转子的高速旋转，破碎沙粒与叶片转子仍具有较大的相对速度，使其仍具有较强的破坏能力。因此，压气机抗冲蚀涂层的设计还需考虑发动机实际服役中沙粒

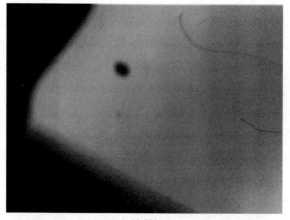

(a) 30°

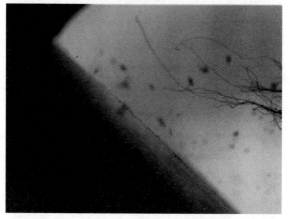

(b) 45°

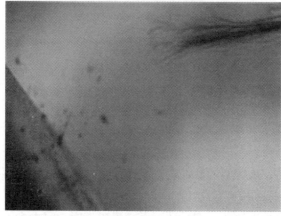

(c) 60°

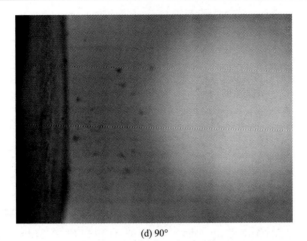

(d) 90°

图 2.14　高速相机下单颗沙粒冲击材料表面的动态过程

对涂层造成的二次冲蚀磨损。

　　关于二次冲蚀磨损的研究，Tilly[25]提出了二次冲蚀理论，采用高速摄像机和电子显微镜研究了入射粒子碎裂对塑性材料冲蚀的影响。他认为入射粒子破裂程度取决于自身的粒度、入射的速度和角度，粒子入射的动能和破碎程度越大，二次冲蚀程度就越严重。Tilly 的二次冲蚀理论模型将整个冲蚀过程分为两个阶段：第一阶段为入射粒子切削和犁削作用造成的一次冲蚀，第二阶段为粒子破碎造成的二次冲蚀，将两次冲蚀磨损量相加，即可得总冲蚀磨损量。

2.2.3　冲击各向异性

　　图 2.15 为金属-陶瓷多层涂层在不同加载方向(0°、45°和 90°)下的纳米力学仿真计算结果，结果表明涂层在不同加载角度下的力学响应不同，具有各向异性的力学特征。涂层力学各向异性的研究目前尚处于起步阶段，美国亚利桑那州立大学和西班牙马德里先进材料研究所联合报道了一种典型 Al/SiC 金属-陶瓷纳

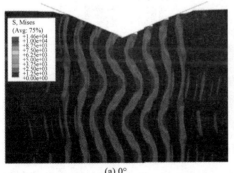

(a) 0°

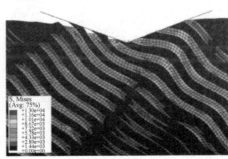

(b) 45°

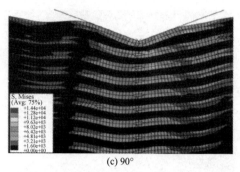

(c) 90°

图 2.15 金属-陶瓷多层涂层各向异性行为(后附彩图)

米多层膜在准静态纳米压痕和微柱压缩加载条件下的力学各向异性机理,发现金属-陶瓷纳米多层膜的模量、加工硬化能力和强度受加载方向影响较大。图 2.16 为多层涂层各向异性性能测试示意图,在微柱压缩加载下,平行和垂直于层界面的加载方式可以使金属-陶瓷纳米多层膜拥有较大的加工硬化能力和强度,其他加载方向下多层膜的变形主要以平行于层界面的滑移为主,同时加工硬化能力和强度均较小[26]。

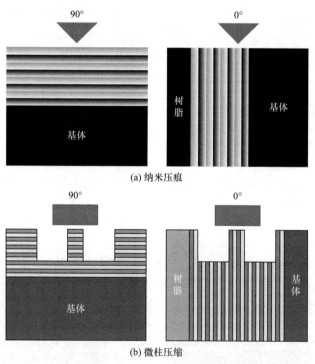

图 2.16 多层涂层各向异性性能测试示意图

此外,压气机防护涂层在沙尘环境服役过程中会受到沙尘从各个角度的随机冲蚀，涂层的力学性能、变形机理与加载方向和幅度密切相关[26,27]，纳米压痕和微柱压缩测试被广泛应用于薄膜、涂层力学性能的研究中[27-29]。涂层生长一般平行于基体，现有的针对多层膜力学性能的研究主要基于垂直于层界面的准静态力学加载方式，包括纳米压痕和微柱压缩等。实际服役环境下，沙粒对涂层表面的冲蚀方向是随机的，因此有必要研究抗冲蚀涂层不同加载方向下的力学性能。

2.2.4 冲击疲劳损伤

航空发动机压气机叶片在服役过程中，叶片涂层受大量无规则、硬质沙粒重复作用，其损伤是沙粒对材料表面冲击与磨损两种模式的耦合。对于脆性陶瓷材料的硬质涂层，在不同冲蚀角度中，高角度冲击是其损伤的主要原因[30,31]。因此，沙粒高角度冲击对涂层造成的损伤最为严重，容易因重复冲击产生疲劳裂纹最终成片剥落。研究过程中，直接采用沙尘冲蚀存在速度与角度难以精准控制，冲击次数难以计量，沙粒粒径分布范围大、外形轮廓复杂以及材料成分多样，难以提供恒定冲蚀条件等问题。

为了获得定量研究数据，将大量沙粒对涂层的冲蚀过程简化为单个粒子对涂层的重复冲击，如图 2.17 所示。采用受控动能型重复冲击设备，可以实现对涂层在某一特定速度下的重复冲击，设备原理如图 2.18。该设备包含三部分：机械系统、控制系统和测量系统。小球固定在冲击块上，能够以某一设定的速度冲击涂层，而后反弹。小球与冲击块之间系有压力传感器，用于测量小球与涂层冲击接触过程中的冲击力响应。重复冲击过程中，每一次冲击动能、频率可通过程序控制测量冲击块运动过程中的瞬时速度。单次冲击动能可由冲击块质量和速度分别单独控制，冲击频率由音箱电机的响应控制。根据颗粒冲击涂层的接触力、接触时间与动能耗散率等参数，能够获得涂层的冲击疲劳性能。

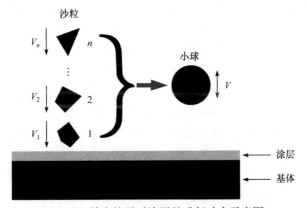

图 2.17 单个粒子对涂层的重复冲击示意图

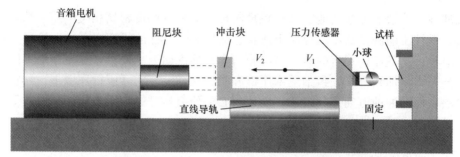

图 2.18　单个粒子重复冲击设备原理示意图[32]

2.2.5　压气机冲蚀损伤机理

高应变率冲击、高速多角度冲蚀、重复冲击等是发动机沙尘环境中服役的主要特点，是发动机防护涂层剥落失效的根本原因，也是压气机防护涂层设计的难点。因此，研究沙尘粒子对压气机的冲蚀规律和特征，揭示压气机材料冲蚀损伤新机理，是压气机防护涂层设计的重要前提。

将沙尘粒子的冲蚀速度设定为 180m/s，冲蚀攻角分别为 15°、30°和 45°，沙尘粒径和浓度采用 GJB 1171—91《军用直升机防砂尘要求》中的规定。

采用扫描电子显微镜对 TC4 基材表面的损伤形貌进行微观表征，探究 TC4 基材在不同冲蚀攻角下的损伤机理。不同冲蚀攻角下的 TC4 基材损伤形貌如图 2.19 所示。

由图 2.19(a)可以看到，15°冲蚀攻角下，TC4 基材的损伤形式主要以沙尘粒子的铲削为主；切向速度较大，沙尘粒子锋利的外形对塑性的 TC4 基材进行铲削，导致 TC4 基材材料的流失；粒子的垂直方向速度较小，因而沙尘粒子在垂直方向上的铲削深度较小，沙尘粒子材料损失主要发生在表面较浅的范围。图 2.19(b)为 30°冲蚀攻角下的 TC4 基材微观损伤形貌，TC4 基材主要以犁沟的损伤形式流失材料，粒子的切向速度依旧很大，并且其垂直方向上的速度相比 15°的冲蚀攻角上更大。因而在垂直方向上，沙尘粒子的作用力相对较大，TC4 基材本身为塑性材料，在沙尘粒子锋利外形的切割下将形成深度相对较大的犁沟。TC4 基材被犁削，材料不断损失。45°冲蚀攻角下，可以观察到表面存在着挤压唇和犁沟，如图 2.19(c)所示，这是由于沙尘粒子在大攻角下对 TC4 基材撞击，引起 TC4 基材塑性变形，形成挤压唇。随着沙尘粒子的冲击，TC4 基材挤压唇被不断挤压冲击，当冲击次数较高时，TC4 基材挤压唇因疲劳而剥落。在 TC4 基材表面仍然可以观察到犁沟，这是由于粒子的外形较为尖锐，在切向速度的作用下，粒子在 TC4 基材表面划过，形成犁沟。45°冲蚀攻角下的 TC4 基材表面犁沟相对于 15°和 30°冲蚀攻角的犁沟长度较短，这是由于 45°冲蚀攻角下粒子的切向速度相对较小。沙尘粒子在垂直方向上切割的深度较大，但是在水平方向上产生的

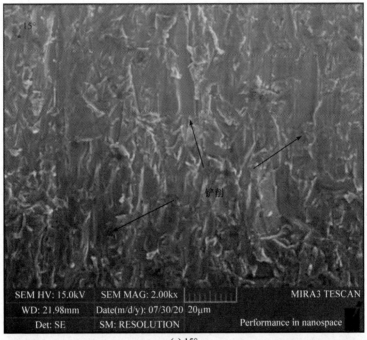

(a) 15°

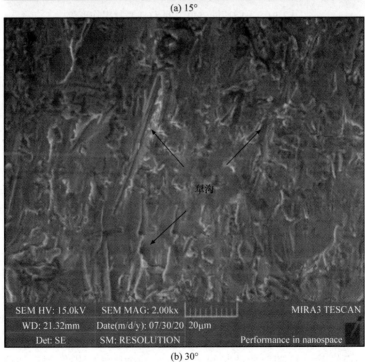

(b) 30°

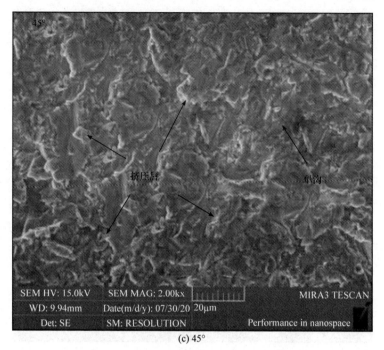

(c) 45°

图 2.19　不同冲蚀攻角下的 TC4 基材损伤形貌

犁沟由于切向速度较小，犁沟的长度相对较短。

2.3　复合材料的冲蚀损伤与防护

　　树脂基复合材料是由有机高分子基体材料与高性能纤维增强材料经过特殊成型工艺复合而成的具有两相或两相以上结构的材料，具有轻质、比强度高、疲劳性能好等优点[33,34]。自 20 世纪 70 年代碳纤维增强树脂基复合材料开始在航空领域应用以来，经过几十年的持续发展，树脂基复合材料逐步走向成熟，并在航空领域得到了大量的工程应用，已经发展成为目前最重要的航空结构材料，其用量成为衡量航空飞行器先进性的重要指标之一[35,36]。

　　恶劣沙漠环境下，复合材料和金属材料一样，会受到沙尘冲蚀损伤且问题更加突出。某直升机旋翼的树脂基复合材料损伤十分严重，图 2.20 为复合材料冲蚀宏观形貌图，试验条件：供沙量为 1.7g/min，冲蚀角度为 45°，冲蚀速度为 130m/s，试样的冲蚀时间分别为 5s、15s 和 25s。从复合材料冲蚀的宏观形貌图可大致看出冲蚀损伤呈点坑状，且随着冲蚀时间的延长，冲蚀区域的损伤逐渐加重，坑的直径逐渐变大且坑的颜色加深。

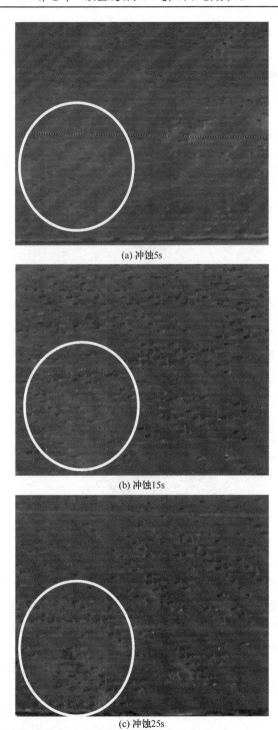

(a) 冲蚀5s

(b) 冲蚀15s

(c) 冲蚀25s

图 2.20　复合材料冲蚀宏观形貌图

图 2.21 为冲蚀 5s 后复合材料冲蚀损伤微观形貌图，研究复合材料表面冲蚀造成的损伤程度。当冲蚀时间为 5s 时，冲蚀对复合材料表面的冲蚀损伤较小，形成的坑状损伤的深度约有 30μm，且坑与坑之间逐渐连接。

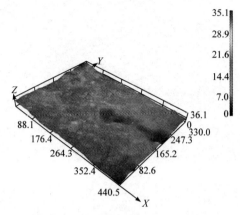

图 2.21　冲蚀 5s 后复合材料冲蚀损伤微观形貌图(单位：μm，后附彩图)

图 2.22 为冲蚀 15s 后复合材料冲蚀损伤微观形貌图。此时冲蚀损伤形貌成明显的坑状，点坑的深度达到了 100μm，且坑状损伤可通过肉眼直接观察到。

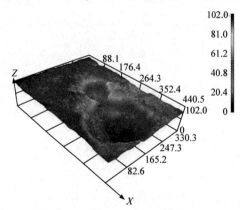

图 2.22　冲蚀 15s 后复合材料冲蚀损伤微观形貌图(单位：μm，后附彩图)

图 2.23 为冲蚀 25s 后复合材料冲蚀损伤微观形貌图。与 5s 及 15s 时相比，复合材料表面受冲蚀损伤的区域明显变大，且冲蚀坑的深度达到了 277μm。

由以上复合材料的冲蚀损伤形貌图可看出，复合材料受沙粒冲蚀形成的损伤主要以点坑为主，且随着冲蚀时间的延长，冲蚀坑的深度逐渐增加。冲蚀时间达到 25s 时，已经可以通过肉眼明显看出复合材料表面的冲蚀坑。复合材料与金属材料的冲蚀损伤形貌区别较大，金属材料在低角度冲蚀时，其损伤形式以犁削为主，同时存在少量铲削，只有在 90° 的垂直冲蚀时才会出现点状坑的损伤形式。

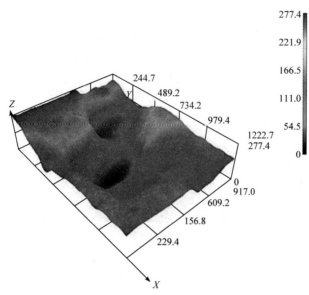

图 2.23　冲蚀 25s 后复合材料冲蚀损伤微观形貌图(单位：μm，后附彩图)

从复合材料与金属材料的性能比较来看，复合材料的硬度相对沙粒(成分主要为 SiO_2)的硬度相差较多；对比试验中 TC4 合金的硬度与沙粒的硬度相差不大。相对 TC4 合金，复合材料呈脆性，表面材料受沙粒冲蚀撞击后易剥落，形成点状的冲蚀坑。因此，即使是低角度冲蚀，当沙粒冲击在复合材料表面时，也能够直接在表面撞击出点状坑，一次去除大量复合材料从而对表面造成损伤，而不是如金属/合金材料的冲蚀，以切削和铲削的形式产生损伤。

通常情况下，考虑在树脂基复合材料表面制备一层金属陶瓷抗冲蚀涂层来对复合材料进行抗冲蚀防护。然而，树脂基复合材料表面的抗冲蚀涂层制备十分困难。一方面，如果材料工艺选择不当，复合材料会出现分层损伤的现象；另一方面，树脂基复合材料的耐温性比较差，很难用于高温环境下的涂层制备，相关工艺还处于研发过程中。

参 考 文 献

[1] FINNIE I. The mechanism of erosion of ductile metals[C]. Proceeding of the 3rd US National Congress of Applied Mechanics, California, 1958: 1-7.

[2] FINNIE I. Some observations on the erosion of ductile metals[J]. Wear, 1972, 19(1): 81-90.

[3] FINNIE I, MCFADDEN D H. On the velocity dependence of the erosion of ductile metals by solid particles at low angles of incidence [J]. Wear, 1978, 48(1): 181-190.

[4] HUTCHINGS I M. Tribology: Friction and wear of engineering materials [J]. Tribology International, 1992, 25(5): 73-84.

[5] BELLMAN R, LEVY A. Erosion mechanism in ductile metals [J]. Wear, 1981, 70(1): 1-27.

[6] LEVY A V. The Erosion behavior of steel as a function of microstructure on solid particle erosion [J]. Wear, 1980, 68(3): 269-287.

[7] BITTER J G A. A study of erosion phenomena: Part II [J]. Wear, 1963, 6(3): 169-190.

[8] HUTCHINGS I M, WINTER R E. Particle erosion of ductile metals: A mechanism of material removal [J]. Wear, 1974, 27(1): 121-128.

[9] LEVY A V. The platelet mechanism of erosion of ductile metals [J]. Wear, 1986, 108: 1-21.

[10] OKA Y I, MATSUMURA M, KAWABATA T. Relationship between surface hardness and erosion damage caused by solid particle impact [J]. Wear, 1993, 162-164: 688-695.

[11] OKA Y I, OHNOGI H, HOSOKAWA T, et al. The impact angle dependence of erosion damage caused by solid particle impact [J]. Wear, 1997, 203-204: 573-579.

[12] HE G, SUN D, CHEN J, et al. Key problems affecting the anti-erosion coating performance of aero-engine compressor: A review [J]. Coatings, 2019, 9(12): 821-838.

[13] JAHANMIR S. The mechanics of subsurface damage in solid particle erosion [J]. Wear, 61(2): 309-324.

[14] SHELDON G L, KANHERE A. An investigation of impingement erosion using single particles [J]. Wear, 1972, 21(1): 195-209.

[15] SHELDON G L, FINNIE I. The mechanism of material removal in the erosive cutting of brittle materials [J]. Journal of Manufacturing Science and Engineering, 1966, 88(4): 393-400.

[16] LAWN B R, SWAIN M V. Micro-fracture beneath point indentations in brittle solids [J]. Materials Science, 1975, 10(1): 113-122.

[17] COOK R F, PHARR G M. Direct observation and analysis of indentation cracking in glasses and ceramics [J]. Journal of the American Ceramic Society, 1990, 73: 787-817.

[18] EVANS A G, EVANS J C, BAKER M W. ChemInform abstract: Study of bipyridyl radical cations. part 5: effect of structure on the dimerization equilibrium[J]. Chemischer Informationsdienst, 1978, 9(4): 27-33.

[19] WIEDERHORN S M, LAWN B R. Strength degradation of glass impacted with sharp particles: I, Annealed Surfaces [J]. Journal of the American Ceramic Society, 1979, 62(1-2): 66-70.

[20] 刘凤娇. 氧化锆陶瓷高温冲蚀磨损性能的研究[D]. 北京: 中国地质大学, 2012.

[21] MARSHALL D B. Geometrical effects in elastic/plastic indentation [J]. Journal of the American Ceramic Society, 1984, 67(1): 57-60.

[22] MARSHALL D B, LAWN B R, EVANS A G. Elastic/Plastic indentation damage in ceramics: The lateral crack system [J]. Journal of the American Ceramic Society, 1982, 65(11): 561-566.

[23] SLIKKERVEER P J, BOUTEN P C P, VELD F H I, et al. Erosion and damage by sharp particles [J]. Wear, 1998, 217(2): 237-250.

[24] HASSANI S, BIELAWSKI M, BERES W, et al. Predictive tools for the design of erosion resistant coatings [J]. Surface & Coatings Technology, 2008, 203(3-4): 204-210.

[25] TILLY G P. A two stage mechanism of ductile erosion [J]. Wear, 1973, 23(1): 87-96.

[26] MAYER C, YANG L W, SINGH S S, et al. Orientation dependence of indentation behavior in Al-SiC nanolaminate composites[J]. Materials Letters, 2016, 168: 129-133.

[27] MAYER C, YANG L W, SINGH S S. Anisotropy, size, and aspect ratio effects on micropillar compression of AlSiC nanolaminate composites [J]. Acta Materialia, 2016, 114: 25-32.

[28] CHAWLA N, SINGH D R P, SHEN Y L, et al. Indentation mechanics and fracture behavior of metal/ceramic nanolaminate composites[J]. Journal of Materials Science, 2008, 43(13): 4383-4390.

[29] BHATTACHARYYA D, MARA N A, DICKERSON P, et al. Compressive flow behavior of Al-TiN multilayers at nanometer scale layer thickness [J]. Acta Materialia, 2011, 59(10): 3804-3816.

[30] BOUSSER E, MARTINU L, KLEMBERG S J E. Solid particle erosion mechanisms of protective coatings for aerospace applications [J]. Surface and Coatings Technology, 2014, 257: 165-181.

[31] BOUSSER E, MARTINU L, KLEMBERG S J E. Solid particle erosion mechanisms of hard protective coatings [J]. Surface & Coatings Technology, 2013, 235: 383-393.

[32] 徐伟胜, 何光宇, 蔡振兵, 等. 硬质颗粒重复冲击 TiN/Ti 涂层损伤分析[J]. 中国表面工程, 2017(5): 28-35.

[33] 杜善义. 复合材料创新驱动产业发展[J]. 科技导报, 2016, 34(8): 1.

[34] 陈祥宝, 张宝艳, 邢丽英. 先进树脂基复合材料技术发展及应用现状[J]. 中国材料进展, 2009, 28(6): 2-12.

[35] 杜善义. 先进复合材料与航空航天[C]. 2006 复合材料技术与应用可持续发展工程科技论坛, 北京, 2006: 1-12.

[36] 邢丽英, 包建文, 礼嵩明, 等. 先进树脂基复合材料发展现状和面临的挑战[J]. 复合材料学报, 2016, 33(7): 1327-1338.

第3章 抗冲蚀涂层的优化设计方法

粒子分离器的工作原理是利用惯性将气/沙进行分离。为保证一定进气量，粒子分离器对沙尘的分离效率很难达到90%以上。因此，在压气机叶片表面制备一层抗冲蚀涂层，进一步提升航空发动机压气机叶片抗冲蚀能力十分关键。但是，涂层的抗冲蚀性能与涂层材料体系和结构、冲蚀工况和沙尘特性等密切相关。为了获得性能更优的涂层，需要结合工况特征对涂层进行设计。本章从仿真和试验两个方面介绍相应的研究方法。

3.1 抗冲蚀涂层结构的仿真设计

不断提高抗冲蚀涂层的强韧性能一直是涂层研发的目标，但传统的"试验-失效-再试验"的研究方法代价较高、周期长，因此探索从仿真角度开展涂层结构设计的方法十分必要。本节从数值模拟的角度出发，在获得涂层本构模型基础上，将有限元仿真与试验相结合对涂层的性能进行仿真优化设计，采用 ABAQUS 软件，从涂层的参数化结构建模、材料属性、接触算法、载荷施加、定义边界和网格划分等方面开展研究。

3.1.1 抗冲蚀涂层的参数化结构建模

抗冲蚀涂层大多采用陶瓷和金属涂层结构，TiN、WC、TiC 等硬质陶瓷涂层硬度高，可有效提高表面的低角度切削磨损性能。但是，对于高角度冲击，硬质材料的抗冲击能力远远不够。因此，通常在陶瓷层之间加入软质层以提高涂层韧性。软质层材料一般由具有较高断裂韧性的金属(如 Ti)构成，以减缓冲击载荷对涂层的冲蚀，且经大量研究表明，层与层之间的交界面还可以阻碍裂纹的扩展，从而提高涂层材料的使用寿命。

为了考察陶瓷/金属多层涂层的各结构参数对其抗冲蚀性能的影响，可以从涂层总厚度 H、总层数 L 和层间调制比 i 三个结构参数出发，依次对涂层进行参数化建模。图 3.1 为沙尘的冲蚀模型，为了避免过多的计算量，又能完全观察到小球冲击后涂层-基体的响应区域，经多次尝试后，取涂层-基体系统的长、宽、高均为 500μm 的局部区域进行建模分析。其中，沙尘粒子被简化为刚性球，根据对我国典型沙漠环境沙尘特性分析，取刚性球的直径为 150μm。

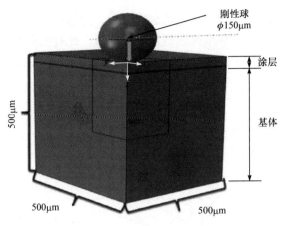

图 3.1　沙尘的冲蚀模型

冲蚀模型中的基体材料是航空发动机常用的 TC4 钛合金材料，涂层的陶瓷层材料设为 TiN，金属层材料设为金属 Ti，沙粒采用 Al_2O_3 颗粒，冲蚀模型的基本材料参数如表 3.1 所示。

表 3.1　冲蚀模型的基本材料参数

材料名称	Ti-6Al-4V	Ti	TiN	Al_2O_3
密度/(kg/m³)	4428	4500	5400	3970
弹性模量/GPa	113.8	112	480	344
泊松比	0.34	0.34	0.27	0.2

若只定义上述材料的基本参数，则模型中的材料均为完全弹性体，与实际情况不相符。对于弹塑性材料，材料的本构模型参数获取是数值模拟中必不可少的环节。一般情况下，通过拉伸试验可以得到材料的应力-应变关系，但是针对涂层，由于厚度很薄，很难通过试验的方法得到涂层的材料参数。因此，为了获得更加准确的结果，需要对涂层的本构模型参数进行识别。目前，比较常用的解决方法是将纳米压痕和有限元仿真结合。

1. 纳米压痕理论与试验

纳米压痕技术对压痕深度十分敏感，通过计算机控制载荷连续变化，并在线监测压入深度，一个完整的压痕过程包括加载与卸载两个步骤。加载过程中，给压头施加外载荷，使其压入样品表面，随着载荷的增大，压头压入样品的深度也随之增加，当载荷达到最大值时，移除外载荷，样品表面会残留压痕痕迹。

图 3.2 为典型的载荷-位移曲线，从图中可以清楚地看出，随着试验载荷的不

断增大，位移不断增加，当载荷达到最大值时，位移也达到最大值，即最大压痕深度 h_{max}。随后卸载，位移最终回到某一固定值，此时的深度称为残留压痕深度 h_f，即压头在样品上留下的永久塑性变形。由曲线数据可以计算出弹性模量 E 与硬度 H。

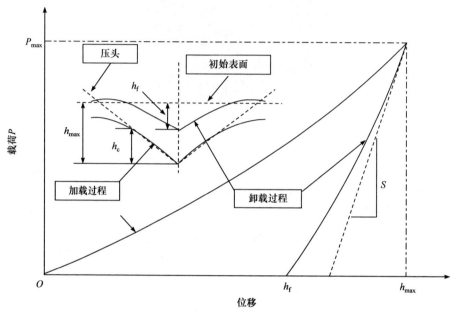

图 3.2 典型的载荷-位移曲线

为了得到弹性模量，需先从图 3.2 所示典型的载荷-位移曲线中得到刚度 S，即试验测得的卸载曲线开始部分的斜率，见式(3.1)：

$$S = \frac{\mathrm{d}P_u}{\mathrm{d}h} \tag{3.1}$$

式中，P_u 为卸载载荷。最初一般选取卸载曲线上部的部分试验数据进行直线拟合来获得刚度值，但这种方法存在一定问题。由于卸载曲线是非线性的，且曲线的初始部分也并非是完全线性的，用不同的试验数据进行直线拟合，得到的刚度值会有明显的差别。因此，Oliver 和 Pharr 提出用幂函数规律拟合卸载曲线，见式(3.2)：

$$P_u = A\left(h - h_f\right)^m \tag{3.2}$$

式中，A 为拟合参数；h_f 为残留压痕深度；指数 m 为压头形状参数。m、A 和 h_f 均由最小二乘法确定。对式(3.2)进行微分就可得到刚度值，见式(3.3)：

$$S = \left.\frac{\mathrm{d}P_u}{\mathrm{d}h}\right|_{h=h_{max}} = mA\left(h_{max} - h_f\right)^{m-1} \tag{3.3}$$

由式(3.3)得到的刚度值与所取的卸载数据量无关，而且与利用较少卸载数据进行线性拟合的结果十分接近，因此用幂函数规律拟合卸载曲线是可行的方法。

接触深度 h_c 是指压入过程中，压头与被压材料完全接触的深度，在加载的任意时刻，h_c 存在如下关系，见式(3.4)：

$$h = h_c + h_s \tag{3.4}$$

式中，h 为压入深度；h_s 为压头与被测材料接触处周边材料表面的位移量。接触处周边的位移量取决于压头的几何形状，对于圆锥压头，其位移量见式(3.5)：

$$h_s = \frac{\pi - 2}{\pi}\left(h - h_r\right) \tag{3.5}$$

$$h - h_r = 2 \cdot \frac{P}{S} \tag{3.6}$$

故

$$h_s = \varepsilon \frac{P}{S} \tag{3.7}$$

则

$$h_c = h - \varepsilon \frac{P}{S} \tag{3.8}$$

对于圆锥压头，几何常数 $\varepsilon = \frac{2}{\pi} \cdot (\pi - 2)$，即 $\varepsilon = 0.72$。同样，对于平直圆柱压头，$\varepsilon = 1.0$；对于旋转抛物线压头，$\varepsilon = 0.75$；对于 Berkovich 压头，建议取 $\varepsilon = 0.75$。

接触面积 A 取决于压头的几何形状和接触深度。人们常常用经验方法获取接触面积 A 与接触深度 h_c 的函数关系 $A(h_c)$，常见的面积函数见式(3.9)：

$$A = C_1 h_c^2 + C_2 h_c + C_3 h_c^{1/2} + C_4 h_c^{1/4} + \cdots \tag{3.9}$$

式中，C_1 取值为 24.56；对于理想压头，面积函数为 $A = 24.56 h_c^2$。C_2、C_3、C_4 等拟合参数是对非理想压头的补偿。

另外，由压头几何形状可以算出压入深度 h 与压痕外接圆直径 d 的关系，以及压入深度 h 与压痕边长 a 的关系。对于理想 Berkovich 压头，$h = 0.113d$，$a = 7.5h$，以此作为试验中不同压痕之间互不影响的最小距离的参考。

利用纳米压痕技术测量最多的两种材料力学性能是硬度和弹性模量。鉴于压头并不是完全刚性的，引进了等效弹性模量 E_r，其定义见式(3.10)：

$$\frac{1}{E_r} = \frac{1 - \nu^2}{E} + \frac{1 - \nu_i^2}{E_i} \tag{3.10}$$

式中，E_i、ν_i 分别为压头的弹性模量(1140GPa)与泊松比(0.07)；E、ν 分别为被测材料的弹性模量与泊松比(0.3)。等效弹性模量可由卸载曲线获得，见式(3.11)：

$$S = \frac{\mathrm{d}P_u}{\mathrm{d}h}\bigg|_{h=h_{max}} = \frac{2}{\sqrt{\pi}} E_r \sqrt{A} \tag{3.11}$$

故

$$E_r = \frac{\sqrt{\pi}}{2} \cdot \frac{S}{\sqrt{A}} \tag{3.12}$$

硬度是指材料抵抗外物压入其表面的能力，可以表征材料的坚硬程度，反映材料抵抗局部变形的能力。纳米硬度的计算仍采用传统的硬度公式，见式(3.13)：

$$H = \frac{P}{A} \tag{3.13}$$

式中，H 为硬度；P 为最大载荷；A 为压痕面积的投影，是接触深度 h_c 的函数，不同形状压头 A 的表达式不同。根据纳米压痕试验得到的载荷-位移曲线可以计算出涂层的弹性模量和泊松比。

2. 逆向分析法

采用逆向分析法主要是为了获得涂层的本构模型参数，主要流程是根据纳米压痕试验获得涂层的载荷-位移曲线，并用有限元软件对涂层纳米压痕试验进行仿真建模。需要输入涂层的本构模型，但是所制备涂层的本构模型是未知的。根据经验或者类似的材料，在一定范围内任意设定本构模型参数，作为数值模拟的初值。此时，将计算结果和仿真结果进行对比，计算误差，然后不断更新本构模型参数，直到计算结果与仿真结果的误差达到最小值。整个过程可以通过 MATLAB 工具箱完成，它提供了 Python 或 C 语言良好的接口。

MATLAB 工具箱主要采用牛顿迭代法进行计算，整个过程可以用一个代价函数表示，见式(3.14)：

$$L(A) = \sum_{n=1}^{N} L_n(A) \tag{3.14}$$

式中，A 表示待优化的参数，当给定一个初始值 A_0 时，通过最小二乘法不断迭代计算，并对初始值进行更新替换，最终使代价函数 $L(A)$ 达到最小值，此时优化完成；N 表示全部测试次数，每次测试试验和仿真计算结果之间的差值，见式(3.15)：

$$L(A) = \frac{1}{M_n} \sum_{i=1}^{M_n} (D_n \left| Z(A,t_i) - Z^*(t_i) \right|^2) \tag{3.15}$$

式中，M_n 表示第 n 次测试的试验数据总数；$Z(A,t_i) - Z^*(t_i)$ 表示试验结果 $Z(A,t_i)$

与仿真结果 $Z^*(t_i)$ 在同一时间 t_i 的差值；D_n 表示第 n 次测试的权重系数。

　　图 3.3 为逆向分析法流程图，首先通过纳米压痕试验得到涂层的载荷-位移曲线，并将其作为目标曲线。然后，利用 ABAQUS 对整个试验过程进行模拟，需要输入涂层的应力-应变关系，即涂层的本构模型。由于不同工艺制备的涂层性能差异较大，涂层的本构模型参数未知，此时选取合适的本构模型，并假设几个初始值。以 Voce 模型为例，给定了三个猜想值 σ_v、Q、b，通过给定的初始值，根据流动应力模型计算得到一组应力-应变关系，将其输入到 ABAQUS 中进行模拟；利用 Python 脚本提取数值模拟得到的载荷-位移曲线，将试验和仿真得到的载荷-位移曲线进行差值计算；依次对参数进行更新，直到两者的差值也就是代价函数达到最小值。此时优化完成，整个过程由 MATLAB 的 SMAT 工具箱自动计算完成。

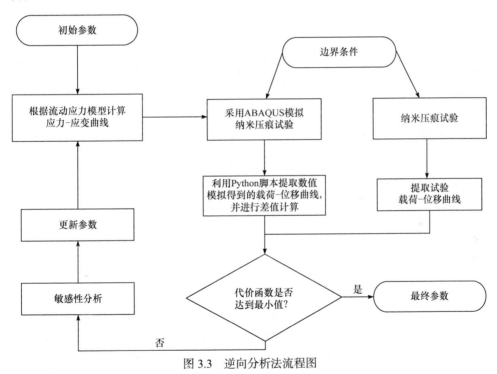

图 3.3　逆向分析法流程图

　　由于基体 TC4 和 Ti 金属层均为弹塑性材料，为了进一步研究沙粒冲蚀作用下的动态响应，针对基体 TC4 材料和金属 Ti 的塑性本构关系，选用 Johnson-Cook(J-C)本构模型，该模型适用于解决高速冲击和爆炸问题，能够描述金属应变率强化效应。在 J-C 本构模型中，金属在动载荷下的屈服应力表达式，见式(3.16)：

$$\sigma_{\mathrm{f}} = \left(A + B\varepsilon^n\right) \cdot \left[1 + C \ln\left(\frac{\dot{\varepsilon}}{\dot{\varepsilon}^0}\right)\right] \cdot \left[1 - \left(\frac{T - T_{\mathrm{r}}}{T_{\mathrm{m}} - T_{\mathrm{r}}}\right)^m\right] \tag{3.16}$$

式中，A、B、C 分别为屈服强度、应变硬化系数和应变率常数；ε 为等效塑性应变；$\dot{\varepsilon}$ 为应变速率；$\dot{\varepsilon}^0$ 为参考应变率，通常取 $1\mathrm{s}^{-1}$；T、T_{r}、T_{m} 和 m 分别为当前温度、室温、材料熔化温度和温度敏感指数。由于航空发动机压气机叶片受冲蚀过程中的温度接近室温，对冲蚀响应的影响很小，故模拟过程中不考虑温度的影响。研究表明，基体和金属层的 J-C 本构模型参数分别如表 3.2 所示。

表 3.2　基体与金属层的 J-C 本构模型参数

材料名称	A/MPa	B/MPa	n	C	$\dot{\varepsilon}^0$
TC4	1098	1092	0.93	0.014	1
Ti	309	80	0.16	0.058	1

另外，陶瓷层 TiN 材料为脆性材料，失效形式主要为脆性断裂，由于目前关于 TiN 陶瓷材料本构模型的研究相对较少，并未获得其本构模型及对应的参数，故在该模型中暂时假定 TiN 为完全弹性体。

3.1.2　三维冲蚀模型的校验

冲蚀建模结束后，分别从能量守恒和沙漏可控与否两个角度对模型进行简单的校验。图 3.4 为系统在冲击过程中的能量变化情况。从图中可以看出，系统在冲击过程中能量的变化主要分为三个阶段：沙粒下冲阶段、沙粒反弹阶段和沙粒分离阶段。

在冲击开始时，系统动能最大，约为 0.035mJ；随着冲击的进行，系统中沙粒的动能逐渐转化为了涂层-基体结构的弹性变形能和塑性变形能，而且当沙粒冲击到最低点时，系统的动能全部转化为变形能；在涂层-基体结构弹性回弹力的作用下，沙粒开始回弹，即涂层-基体结构的弹性变形能逐渐转化为沙粒的动能，直至沙粒与涂层表面分离；此后沙粒的动能和涂层-基体结构的内能均保持不变。在整个冲击过程中，系统的总能量始终保持不变，满足能量守恒定律。

对于模型中沙漏现象的可控性，通常采用模型中伪应变能与内能的比率进行判断。当该比率小于 1% 时，认为模型中的沙漏现象可控，反之则无法控制。图 3.5 是模型冲击过程中，伪应变能与内能比率的变化情况。从图中可以看出，在整个冲击过程中，系统伪应变能与内能的比率始终在 0~0.6% 变化，故所建模型的沙漏可控。

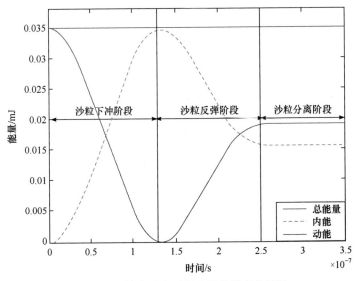

图 3.4　系统在冲击过程中的能量变化情况

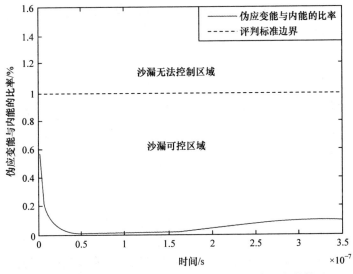

图 3.5　模型冲击过程中，伪应变能与内能比率的变化情况

　　另外，为了验证上述有限元模型计算结果的可靠性，使用一个刚性小球冲击弹性靶材的简单模型，模型假设小球以垂直角度冲击靶材，并利用能量守恒定律求解。为了计算靶材的弹性位移的势能，假设接触区域为 Hertz 应力分布。根据 Hertz 接触模型，静态球压痕过程中作用在刚性小球上的力见式(3.17)：

$$F = K_0 E D^{\frac{1}{2}} b^{\frac{3}{2}} \tag{3.17}$$

式中，F 为接触力；经验系数 $K_0 = 1.036$；E 为靶材的杨氏模量；D 为小球的直径；b 为压入深度。

位移的弹性势能见式(3.18)：

$$E_p = \frac{1}{2}K_0 E D^{\frac{1}{2}} b^{\frac{5}{2}} \tag{3.18}$$

小球冲击时的动能表达式见式(3.19)：

$$E_k = \frac{1}{2}mV_0^2 \tag{3.19}$$

式中，m 为小球的质量；V_0 为小球在冲击时的速度。

由于忽略损耗，$E_p = E_k$，小球的最大压入深度表达式见式(3.20)：

$$b_{max} = \sqrt[5]{\frac{m^2 V_0^4}{K_0^2 E^2 D}} \tag{3.20}$$

由于内能与压入深度为非线性关系，为了计算小球冲击压入靶材的时间，需要线性化的载荷-压痕方程。该方程假定非线性系统与线性系统的势能相等。弹性势能的线性化表达式见式(3.21)：

$$E_p^* = \frac{1}{2}k_{eq}b^2 \tag{3.21}$$

式中，k_{eq} 为球/靶系统的线性刚度。由于线性与非线性能量存在 $E_p = E_p^*$，线性刚度的表达式见式(3.22)：

$$k_{eq} = K_0 E D^{\frac{1}{2}} b_{max}^{\frac{1}{2}} \tag{3.22}$$

小球到达最大深度所需时间的表达式见式(3.23)：

$$t_{imp} = \frac{\pi}{2}\sqrt{\frac{m}{k_{eq}}} \tag{3.23}$$

为验证模型计算结果的可靠性，针对无涂层的有限元模型，将模型参数代入式(3.20)和式(3.23)中，经计算得到小球的最大压入深度为 4.88×10^{-6}m，达到最大深度所需的时间为 7.67×10^{-8}s；经 ABAQUS/Explicit 计算的小球最大压入深度为 4.787×10^{-6}m，达到最大深度所需的时间为 7.5×10^{-8}s。通过比较可知，该有限元模型对于小球最大压入深度和达到最大压入深度所需时间的相对误差分别为 1.9% 和 2.2%，误差范围是可以接受的。

3.1.3 抗冲蚀涂层的冲击动态响应

为进一步明确涂层受到高速冲击时的薄弱区域，对冲击形成的应力场进行仿真分析。图 3.6 为不同冲蚀环境下，部分结构不同的陶瓷/金属多层涂层内的应力分布云图。从图中可以看出，不同结构涂层，在不同冲蚀条件下的应力分布规律基本一致，即在受冲击过程中，都是在冲击中心正下方的各陶瓷层下表面，而且沙粒与表层陶瓷层的接触半径外周处均分布了较大的拉应力。由于陶瓷属于典型的脆性材料，根据第一强度理论，其失效方式多为拉伸失效，即无论其处于何种应力状态，只要最大拉应力达到与材料性质相关的某一极限值，材料就会发生断裂。因此，上述两类部位为陶瓷/金属多层涂层在受到沙粒冲击作用时的危险区域。

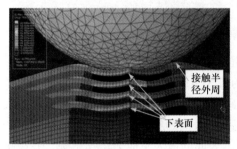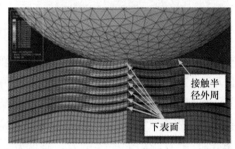

图 3.6　不同冲蚀环境下，部分结构不同的陶瓷/金属多层涂层内的应力分布云图(后附彩图)

图 3.7 为陶瓷/金属多层涂层在冲蚀过程中不同时刻的应力云图。可以看出，与图 3.6 所述的分布规律一致，在冲击中心正下方的各陶瓷层下表面和冲击接触半径附近的各陶瓷层上表面均分布了较大的拉应力。此外，随着冲击的进行，云图中红色区域逐渐增多，且颜色变深，这表明涂层中的拉应力逐渐增大；当冲击至 170ns，即冲击沙粒运动到最低位置时，应力云图中的红色区域达到最大，且颜色最深，表明此时涂层中的拉应力最大，这是由于沙粒运动到最低位置时，涂层发生了最大的形变；此后，随着小球的回弹，云图中的红色区域逐渐减少，且颜色深度减退，表明涂层中的拉应力逐渐减小。

由以上分析可知，当冲击沙粒运动到最低点时，陶瓷/金属多层涂层中的拉应力达到最大，对此刻涂层中的应力分布进行进一步分析。图 3.8 为多层涂层中，

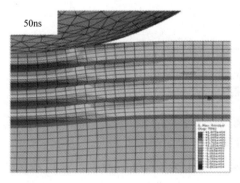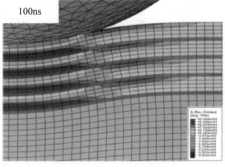

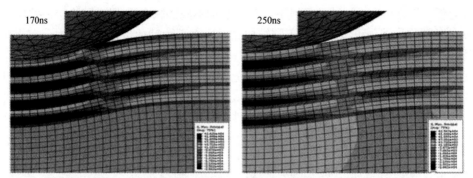

图 3.7　陶瓷/金属多层涂层在冲蚀过程中不同时刻的应力云图(后附彩图)

各陶瓷层上表面的最大主应力沿 X 方向的分布。从图中可以看出，距冲击中心正下方 0～20μm 区域内，各陶瓷层上表面的最大主应力均很低，且第一层的最大主应力约为−4.5GPa，为压应力状态；随着距离逐渐增大，各陶瓷层上表面的最大主应力均先增大后减小，其中第一层陶瓷层上表面的最大主应力最大，达到了约17GPa；随着距离的继续增大，各陶瓷层上表面的最大主应力快速下降，并在距离冲击中心约 70μm 处降低至 0～5GPa。

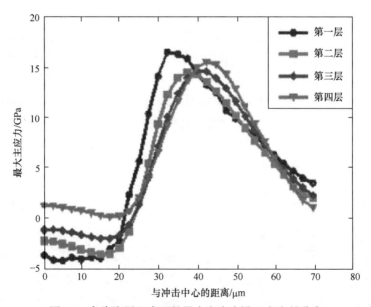

图 3.8　各陶瓷层上表面的最大主应力沿 X 方向的分布

同理，当颗粒运动到最低点时，各陶瓷层下表面的最大主应力沿 X 方向的分布如图 3.9 所示。从图中可以看出，各陶瓷层下表面的最大主应力均在冲击中心正下方处达到最大，其中第四层陶瓷层下表面的最大主应力最大，约达到了

26GPa。此外，在距离冲击中心 0~20μm 的区域内，最大主应力变化均比较平缓；随着距离继续增大，陶瓷层下表面的最大主应力快速下降，并在距离冲击中心约 50μm 处降到最小，约为 0GPa，即无应力状态。

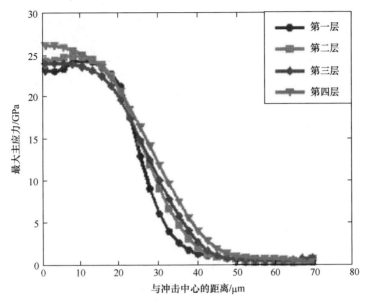

图 3.9　各陶瓷层下表面的最大主应力沿 X 方向的分布

上述各陶瓷层上、下表面的应力分布情况表明：冲击过程中，当颗粒运动到最低点时，各陶瓷层上表面的最大主应力均在冲击沙粒与涂层的接触半径外周附近达到较大值，而第一层陶瓷层的最大主应力最大；各陶瓷层下表面的最大主应力则均在冲击中心正下方附近达到较大值，而且第四层陶瓷层的最大主应力最大。

综上所述，在沙粒的冲击载荷作用下，陶瓷/金属多层涂层中，冲击过程中，第一层陶瓷层上表面的冲击接触半径外周和第四层陶瓷层下表面的冲击中心正下方附近为陶瓷/金属多层涂层最可能发生损伤的区域。为了进一步分析陶瓷/金属多层涂层中，各结构参数对其抗冲蚀性能的影响规律，选择第一层陶瓷层上表面的最大主应力和第四层陶瓷层下表面的最大主应力作为两个评价指标。

3.2　抗冲蚀涂层结构参数的影响

涂层的结构参数是直接影响其被冲击后应力场分布的关键，也是指导涂层设计的基础。本节以陶瓷/金属多层涂层为例，研究涂层的总厚度、总层数和层间调制比三个结构参数对其抗冲蚀性能的影响。

3.2.1　涂层总厚度对抗冲蚀性能的影响

图 3.10 为陶瓷/金属多层涂层中陶瓷层下表面和涂层表面最大拉应力和残余拉应力与涂层总厚度的关系。

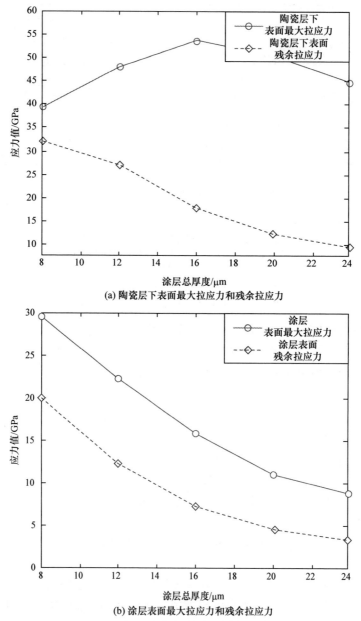

(a) 陶瓷层下表面最大拉应力和残余拉应力

(b) 涂层表面最大拉应力和残余拉应力

图 3.10　陶瓷/金属多层涂层中陶瓷层下表面和涂层表面最大拉应力
和残余拉应力与涂层总厚度的关系

由图 3.10(a)可知，陶瓷层下表面最大拉应力随涂层总厚度的增大先增大后减小，经计算，当涂层总厚度从 8μm 增大到 24μm 时，陶瓷层下表面最大拉应力增大了约 10%。由图 3.10(b)可知，涂层表面最大拉应力随涂层总厚度的增大单调递减，且在同样的涂层厚度区间内，其相对降低约 71.7%，远大于前者的增加幅度。

另外，由图 3.10(a)和(b)可知，冲蚀结束后，陶瓷层下表面和涂层表面残余拉应力都随涂层总厚度的增加而降低。分析受到单颗沙粒撞击后，不同厚度涂层的冲蚀深度，如图 3.11 所示。从图中可以看出，随着涂层总厚度的增大，涂层表面的冲蚀深度逐渐减小，压痕半径有所增加，但压痕的总体积仍呈现出逐渐减小的趋势，这与涂层中的残余拉应力的状态和分布规律一致。

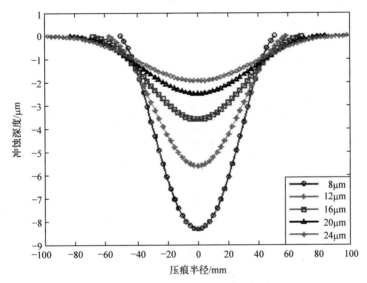

图 3.11　不同厚度涂层的冲蚀深度

根据脆性材料的第一强度理论和第二强度理论，冲蚀过程中，保证涂层的拉应力和应变量在一个相对较低的水平是防止涂层破裂，提高涂层自身抗冲蚀性能的关键因素。综上所述，为了提高涂层自身的抗冲蚀性能，抗冲蚀涂层总厚度越大抗冲蚀性能越好，但在工程上由于受到多个约束条件限制，涂层总厚度一般会控制在 20~30μm。

3.2.2　涂层总层数对抗冲蚀性能的影响

为了进一步研究涂层总层数对其抗冲蚀性能的影响，分别设计了总层数 N 为 2、4、6、8、10 和 12 的多层涂层，并比较分析不同层数涂层的冲击响应情况。

图 3.12 为陶瓷/金属多层涂层中的应力在深度方向上的分布情况，其中图 3.12(a)

为沙粒冲击过程中的某一时刻，6 种涂层结构的应力分布情况。图 3.12(b)以 12 层涂层为例，说明多层涂层中的应力分别在陶瓷层、过滤层、金属层和基体中的分布。

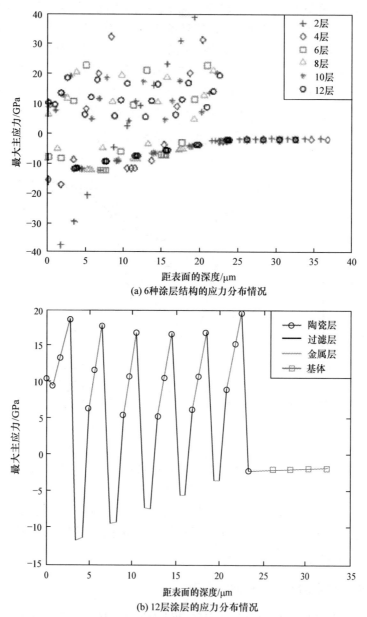

(a) 6种涂层结构的应力分布情况

(b) 12层涂层的应力分布情况

图 3.12 陶瓷/金属多层涂层中的应力在深度方向上的分布情况

从图 3.12(a)中可以看出，对于厚度相同，层数不同的陶瓷/金属多层涂层，应力在深度方向的分布规律基本一致。每层陶瓷层中的最大拉应力都出现在与金属层交界的下表面，且随着深度的增加先减小后增大；另外，在不同层数的涂层中，金属层和基体中的应力状态均表现为压应力，且对于相同结构的涂层，随着深度的增加，各金属层中压应力的绝对值逐渐减小。

　　然而，当层数为 2、4、6 时，涂层表面为压应力，当总层数大于等于 8 时，涂层表面则处于拉应力状态，即在沙粒冲击过程中，随着涂层总层数的增加，涂层表面的应力状态逐渐由压应力转变为拉应力。

　　图 3.13 为冲击过程中，陶瓷/金属多层涂层的总层数对陶瓷层下表面和涂层表面最大拉应力和残余拉应力的影响规律。由图 3.13(a)可知，随着涂层总层数的增加，陶瓷层下表面最大拉应力先迅速降低，直至 $N \geqslant 8$ 以后，降低速率放缓。当总层数为 2 时，陶瓷层下表面拉应力最大，约为 44.8GPa，而总层数为 12 时，陶瓷层下表面最大拉应力降低了 50%，约为 23.1GPa。另外，陶瓷层下表面残余拉应力随总层数的增大先增大，直至总层数 $N \geqslant 6$ 后基本保持不变。相反地，如图 3.13(b)所示，涂层表面最大拉应力和残余拉应力均随着总层数的增加先增大，直至总层数 $N \geqslant 6$ 后，基本保持不变。值得注意的是，当总层数在 8~12 时，陶瓷层下表面最大拉应力变化幅度非常小，约为 10%。

　　因此，当多层涂层的总层数在 2~8 时，陶瓷层下表面和涂层表面最大拉应力均相对层数的变化很敏感，而当总层数继续增大时，上述评价指标均不再对层数敏感。

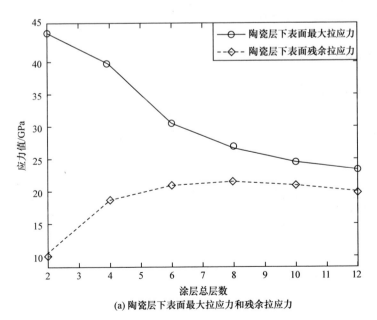

(a) 陶瓷层下表面最大拉应力和残余拉应力

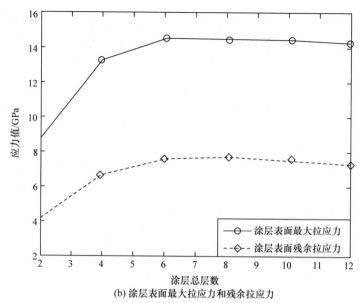

图 3.13　陶瓷/金属多层涂层的总层数对陶瓷层下表面和涂层表面
最大拉应力和残余拉应力的影响规律

综上所述，在不考虑涂层内应力和涂层与基体间结合力的前提下，涂层总层数对其抗冲蚀性能的影响不是简单的正、负关系。当以涂层表面最大拉应力最小化为目标时，单层涂层是较优的选择；当以冲击过程中陶瓷层下表面最大拉应力最小化为目标时，涂层的层数越多越好。

3.2.3　层间调制比对抗冲蚀性能的影响

陶瓷/金属多层涂层中，层间调制比 i 是指涂层中陶瓷层厚度 T_c 与金属层厚度 T_m 的比值。根据前文中的研究结果，在此取涂层的总厚度 $H=24\mu m$，涂层的总层数 $N=8$。为了研究陶瓷/金属多层涂层的层间调制比对其抗冲蚀性能的影响，对不同调制比的多层涂层进行建模分析，不同调制比的涂层结构参数如表 3.3 所示。

表3.3　不同调制比的涂层结构参数

总厚度 $H/\mu m$	24						
总层数 N	8						
层间调制比 i	1∶1	2∶1	4∶1	7∶1	11∶1	14∶1	19∶1
单层陶瓷层厚度/μm	3	4	4.8	5.25	5.5	5.6	5.7
单层金属层厚度/μm	3	2	1.2	0.75	0.5	0.4	0.3

　　陶瓷/金属多层涂层中的最大拉应力与层间调制比的关系见图 3.14。由图可知，随着多层涂层层间调制比的增加，陶瓷层下表面最大拉应力的变化趋势分为三个阶段：在调制比从 1 增加到 7 的过程中，陶瓷层下表面最大拉应力缓慢增大，增加幅度约为 3%；当调制比从 7 增加到 11 时，陶瓷层下表面最大拉应力迅速升

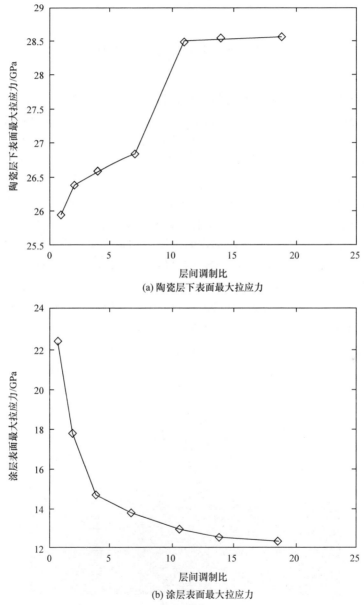

(a) 陶瓷层下表面最大拉应力

(b) 涂层表面最大拉应力

图 3.14　陶瓷/金属多层涂层中的最大拉应力与层间调制比的关系

高，增幅约达到 6.5%；当调制比大于 11 以后，陶瓷层下表面最大拉应力基本保持不变。

另外，涂层表面最大拉应力则随着层间调制比的增加而先迅速下降，直至调制比大于 7 后，最大拉应力的降低幅度逐渐趋于缓慢。在层间调制比的整个变化区间内，涂层表面最大拉应力降低幅度约为 45.8%。

3.3　涂层材料与结构一体化设计

PVD 技术的发展为制备具有良好抗冲蚀磨损性能的氮化物涂层提供极大的可行性[1]，从国外情况看，该方法制备的 TiN 涂层已成为最常用的航空发动机抗冲蚀防护涂层之一，该涂层可使航空发动机压气机在沙尘环境中的使用寿命提高 2~3 倍[2]。随着材料体系和结构的不断创新，氮化物涂层抗冲蚀性能还有很大的优化空间。

目前，氮化物涂层中应用最广泛的是 TiN、ZrN、CrN 涂层，在现有涂层材料体系基础上研发的多元元素合金化涂层，如 TiAlN、TiAlSiN、CrTiAlN 等[3,4]，以及由二元/多元涂层制备的金属氮化物的多层、纳米多层结构涂层，如 TiN/Ti、ZrN/Zr、CrN/Cr、TiN/ZrN、ZrN/CrN、TiAlN/TiN、TiAlN/TiAlSiN 等，使其性能不断提高和优化。3.1 节的仿真结果显示，涂层结构对其抗冲蚀性能影响十分明显。沙尘冲蚀试验研究得出陶瓷涂层的冲蚀特性表现为脆性材料特性[5]，即随冲蚀角度的增大，涂层的冲蚀率提高，抗冲蚀性能下降，在 90°角冲蚀时，涂层的冲蚀率可达最大值[6,7]。本节主要以硬度、韧性较大的 TiN、ZrN 氮化物涂层为基础，从结构优化试验角度介绍不同涂层结构对其抗冲蚀性能的影响，图 3.15 为典型涂层结构。

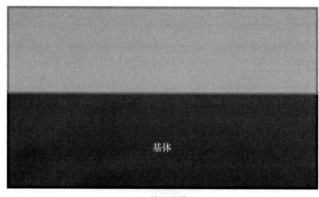

(a) 单层结构

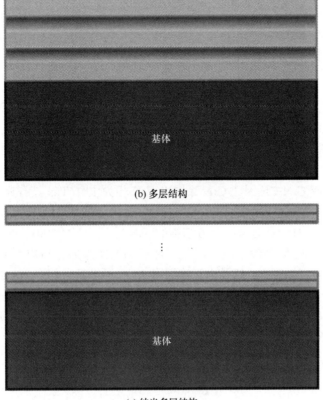

(b) 多层结构

⋮

(c) 纳米多层结构

图 3.15　典型涂层结构

3.3.1　氮化物单层涂层

表 3.4 是采用多弧离子镀制备 TiN 的主要工艺参数。其中，氮气流量为 1150sccm(1sccm=1mL/min)，沉积涂层时基体偏压为−80V，制备涂层时的真空度为 1.7Pa，占空比设置为 50%，涂层沉积温度为 450℃，沉积时间为 300min。

表 3.4　多弧离子镀制备 TiN 的主要工艺参数

氮气流量/sccm	基体偏压/V	真空度/Pa	占空比/%	温度/℃	时间/min
1150	−80	1.7	50	450	300

表 3.5 是不同氮化物涂层的沉积速率。ZrN 表现出比 TiN 更高的涂层沉积速率。这是由于制备 ZrN 涂层时，需要较高的 Zr 靶电流才能使电弧稳定，较高的靶电流能够激发出更大的 Zr 离子束流。

表 3.5　不同氮化物涂层的沉积速率

涂层	沉积时间/h	膜厚/μm
TiN	6	17.9
ZrN	3	21.3

　　四组氮化物涂层的 X 射线衍射(X-ray diffraction，XRD)图谱如图 3.16 所示。由图可知，除涂层对应的氮化物衍射峰外，没有其他相的衍射峰，且沉积的四种硬质涂层样品的晶体结构均为面心立方晶体结构。PVD 多弧离子镀沉积的氮化铬涂层通常有 Cr_2N 和 CrN 两种相，氮气充足时，Cr 离子与离化的氮气分子碰撞几率增大，易形成 CrN 相，因此 CrN 涂层以 CrN 相为主[8]。TiN 具有典型的 B1-NaCl 面心立方结构，图谱中出现 TiN(111)、TiN(200)、TiN(220)、TiN(311)、TiN(222) 晶面的衍射峰，对于具有面心立方结构的 TiN 涂层，TiN(200)晶面具有最小表面能，TiN(111)晶面具有最小应变能[9]。对于 TiAlN 涂层，可以看到 TiAlN 涂层峰相对于 TiN 偏向高角，这是由于涂层中 Al 原子半径(0.143 nm)和 Ti 原子半径(0.145 nm)很接近，部分 Ti 原子被 Al 原子置换引起晶格发生畸变，形成了面心立方结构的 AlN 固溶相[10,11]晶格常数减小而产生衍射峰的偏移现象。ZrN 涂层具有显著的(111)择优取向。

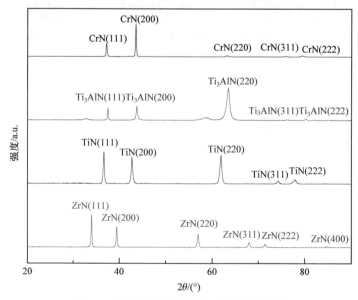

图 3.16　四组氮化物涂层的 X 射线衍射图谱

　　图 3.17 为单层 TiN、ZrN 涂层表面的扫描电子显微镜形貌，图 3.18 为单层 TiN、ZrN 涂层截面的扫描电子显微镜形貌。两种材料体系涂层的表面均可观察到

一定数量的金属大颗粒，尺寸在几百纳米到一微米不等。这是阴极电弧沉积过程中，未完全电离的金属液滴直接沉积在样品表面造成的。在目前多弧离子镀技术环境下，该现象不可避免，只能弱化。这些液滴可能会导致涂层与基体间结合力降低、涂层中出现孔洞和表面粗糙度增加等问题。由图 3.17 和图 3.18 可以看出，TiN 涂层表面颗粒和空穴的密度高，而 ZrN 表面的颗粒较少，相对比较光滑平整，两种涂层的截面均可观察到柱状结构。其中 ZrN 涂层致密性较 TiN 更好，且晶粒尺寸较细。

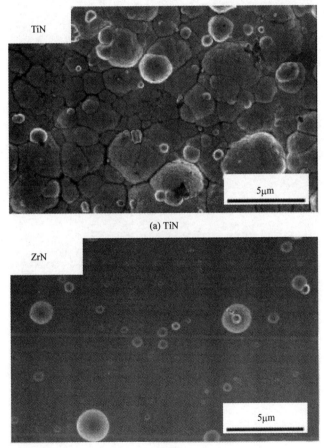

(a) TiN

(b) ZrN

图 3.17 单层 TiN、ZrN 涂层表面的扫描电子显微镜形貌

TiN、ZrN 涂层的硬度($HV_{0.05}$)、结合力(L_c)、残余应力(σ_r)的力学性能如表 3.6 所示。其中，ZrN 涂层硬度最高，为 2807$HV_{0.05}$，这与该涂层柱状晶组织及致密性有关。柱状晶粗大、致密性差的涂层硬度则低。结合强度结果显示两类涂层在载荷 80N 以下均没有出现大面积的涂层剥落，均具备较高的结合力。采用基片弯

曲法测得涂层的残余应力,结果表明两种材料体系的单层涂层残余压应力均不高,对膜基结合的负面作用影响不大。

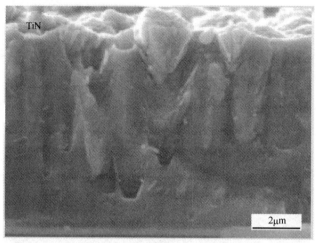

(a) TiN

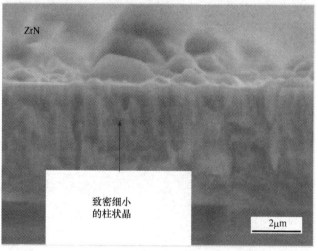

(b) ZrN

图 3.18　单层 TiN、ZrN 涂层截面的扫描电子显微镜形貌

表 3.6　TiN、ZrN 涂层的硬度、结合力和残余应力的力学性能

涂层	$HV_{0.05}$	L_c/N	σ_r/GPa
TiN	2595	80	−3.54
ZrN	2807	80	−4.54

在冲蚀速度为 130m/s,冲蚀角为 45°,流量为 180g/h,粒径为 0~200μm 的

条件下，采用参考 ASTM-G76-07 标准设备搭建的静止冲蚀试验台对 TiN、ZrN 两种材料体系单层涂层进行抗冲蚀性能评价。采用精确度为 0.1mg 的电子天平测量试样冲蚀磨损前后的质量，取 5 次测量值求平均值，以确定冲蚀过程中的质量损失率，即冲蚀率(ε)。冲蚀率计算公式如式(3.24)所示：

$$\varepsilon = \frac{\text{试样单次质量损失}}{\text{沙粒供给量} \times \text{单次冲蚀时间}} \tag{3.24}$$

表 3.7 列出了 TiN、ZrN 涂层的冲蚀时间、质量损失和冲蚀率。在相同冲蚀条件下，无论是冲蚀后宏观表面形貌还是冲蚀率，两组涂层质量损失差别不大，TiN 涂层的质量损失最少，抗冲蚀性能最好。

表 3.7　TiN、ZrN 涂层的冲蚀时间、质量损失和冲蚀率

涂层	冲蚀时间/min	质量损失/mg	冲蚀率/(mg/g)
TiN	80	5.5	0.052
ZrN	80	6.6	0.062

TiN、ZrN 涂层冲蚀后的表面宏观形貌如图 3.19 所示。在 40min 左右，ZrN 涂层开始有穿透性冲蚀坑出现，但面积扩展较慢，最终冲蚀坑面积较小。在 50min 左右，TiN 涂层表面出现单个冲蚀坑，而后仅尺寸略微扩大，无其他穿透性冲蚀坑出现。

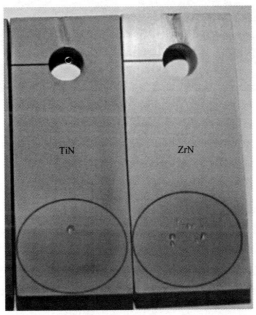

图 3.19　TiN、ZrN 涂层冲蚀后的表面宏观形貌

　　图 3.20 为两种单层涂层冲蚀区的表面微观形貌。涂层冲蚀后损伤区域皆具有光滑平坦的外观形貌,为典型的脆性材料冲蚀形貌特征。

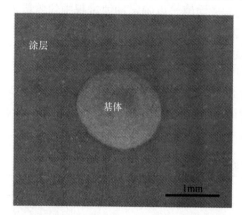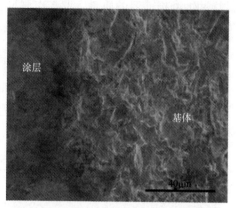

(a) TiN涂层

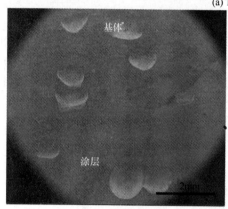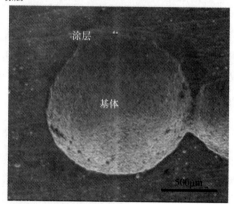

(b) ZrN涂层

图 3.20　两种单层涂层冲蚀区的表面微观形貌

　　具有强结合力涂层的柱状晶组织的冲蚀破坏过程如图 3.21 所示。例如,在冲蚀磨损后,TiN、ZrN 涂层除露出基体的深坑外,保留的涂层表面几乎无明显损伤。零星分散的深坑表明其破坏部位具有一定的随机性。由于 TiN、ZrN 涂层组织致密,柱状晶之间间隙较小,而且涂层材料硬度较大,发生破坏的部位一般在涂层表面的颗粒处或颗粒脱落而形成的缺陷处。沙粒冲击涂层时,液滴颗粒脱落。涂层表面的液滴颗粒被去除后,遗留的凹坑由于边缘存在应力集中,在冲蚀粒子的冲击下最易发生开裂,裂纹向下扩展到膜基界面形成一定深度的冲蚀坑,经过后续粒子的冲击,最终形成深度较大的冲蚀坑,坑内暴露出基体。

　　因此,对于结合力强的单层涂层,冲蚀破坏的主要方式是从涂层中的液滴等缺陷部位开始,裂纹向下扩展至膜基界面,最终形成穿孔冲蚀坑,但冲蚀坑尺寸扩展较慢。强度较高的单层结构无法阻止粒子冲击产生的裂纹向深部(纵向)扩展，导致涂层缺陷部位损伤一旦开始，往往会形成穿孔冲蚀坑，TiN、ZrN 两种强结合力涂层出现的孤立穿孔充分证实了这一点。

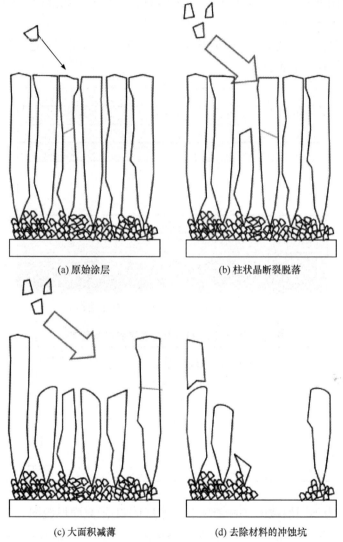

(a) 原始涂层　　　　　　　　　　(b) 柱状晶断裂脱落

(c) 大面积减薄　　　　　　　　　(d) 去除材料的冲蚀坑

图 3.21　具有强结合力涂层的柱状晶组织冲蚀破坏过程

3.3.2　氮化物多层涂层

本小节研究 TiN/ZrN 多层涂层的抗冲蚀性能，该涂层采用 Ti 作为过渡层，然后交替沉积 TiN 层和 ZrN 层。在保证沉积参数(涂层总厚度、氮气流量、基体偏压、占空比和功率等)一致的情况下，仅改变 TiN 子层和 ZrN 子层的沉积厚度，即可获得不同层数的多层涂层。TiN/ZrN 多层涂层结构示意图如图 3.22 所示。

　　四组多层涂层总层数分别为 4、10、18 和 40(TiN 层数+ZrN 层数)，基体和涂层之间均采用金属 Ti 作为过渡层，最表层为 ZrN 层。不同结构 TiN/ZrN 多层涂层制备参数如表 3.8 所示。3.1.1 小节计算结果表明，增加厚度对涂层的抗冲蚀性能有一定改善，但考虑到工程应用限制，限制涂层总厚度不超过 25μm，四组样品总厚度设置在 23μm 左右。

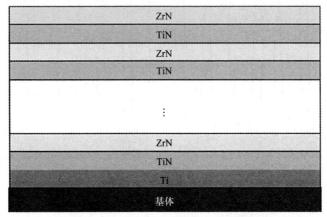

图 3.22　TiN/ZrN 多层涂层结构示意图

表 3.8　不同结构 TiN/ZrN 多层涂层制备参数

编号	层数	总厚度/μm	调制周期/μm	调制比	单层 TiN 厚度/μm	单层 ZrN 厚度/μm
TZ4	4	23.0	11.51	1∶1	6.00	5.51
TZ10	10	23.3	4.49	1∶1	2.28	2.21
TZ18	18	20.4	2.11	1∶1	1.14	0.97
TZ40	40	23.3	1.45	1∶1	0.72	0.73

　　图 3.23 为不同层数的 TiN/ZrN 多层涂层的表面/截面形貌图。涂层表面存在大小不等的颗粒和凹坑，凹坑由颗粒脱落形成，其中颜色较暗的为 TiN 层，颜色较亮的为 ZrN 层。多层层状结构致密且均匀，若涂层生长过程中液滴颗粒沉积到涂层表面，沉积的涂层会覆盖这些颗粒，表现为颗粒以上各层呈现波浪起伏状。

　　分别对四组涂层的硬度、结合力、残余应力等力学性能进行测试，不同结构 TiN/ZrN 多层涂层力学性能如图 3.24 所示。各涂层硬度均高于单层 TiN 和 ZrN 涂层硬度，并表现出随层数增加而提高的趋势，主要原因是多层涂层中层界面增加，

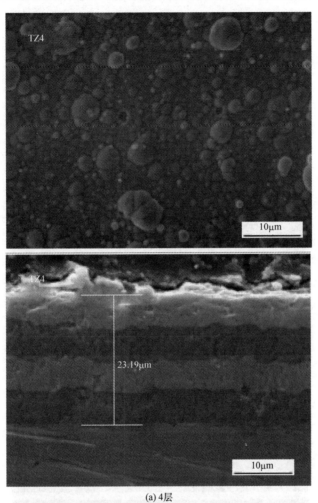

(a) 4层

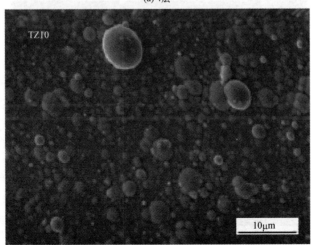

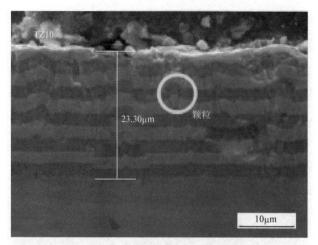

(b) 10层

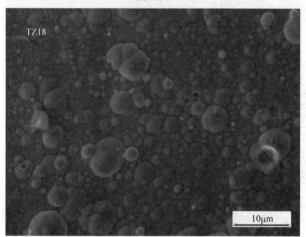

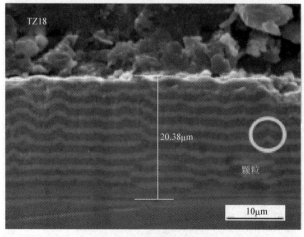

(c) 18层

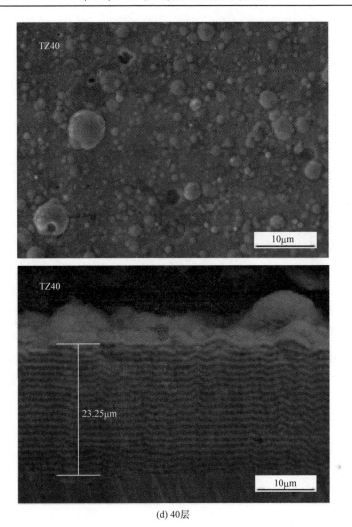

(d) 40层

图 3.23　不同层数的 TiN/ZrN 多层涂层的表面/截面形貌图

并且膜层生长过程中，在层界面处反复形核，使沉积的涂层晶粒细小，致密度高。TiN/ZrN 多层涂层开始发生剥落的临界载荷最高仅为 70N，表现不如单层的 TiN 或 ZrN 涂层(均为 80N)。随着涂层层数的增加，结合力呈现减小的趋势。但划痕测试过程中，厚度在 20μm 以上的涂层难以出现膜基界面剥落，而是层间界面剥落。由图 3.24(c)可以看到，TiN/ZrN 多层涂层残余应力与单层涂层相差不大，且随调制周期的减小(层数增多)，残余应力略有下降，这与 3.2.2 小节仿真计算结果一致，即冲蚀过程中，以陶瓷层下表面最大拉应力最小化为目标时，涂层的层数越多越好。

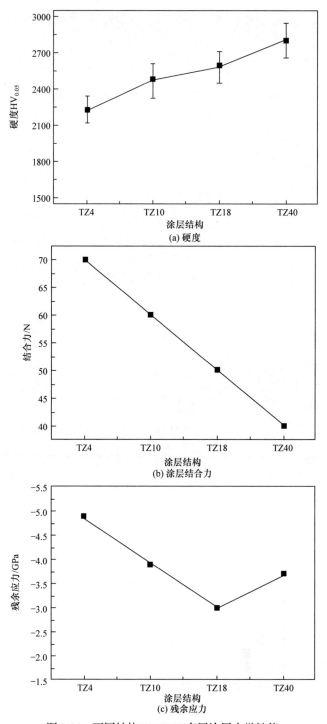

图 3.24　不同结构 TiN/ZrN 多层涂层力学性能

　　不同结构 TiN/ZrN 多层涂层断裂韧性见表 3.9，其中 TZ10 和 TZ18 的断裂韧性分别为 2.34MPa·m$^{1/2}$ 和 4.13MPa·m$^{1/2}$，均明显高于单层的 ZrN 涂层(0.55MPa·m$^{1/2}$)，即多层结构有利于抑制裂纹扩展。

表 3.9　不同结构 TiN/ZrN 多层涂层断裂韧性

编号	断裂韧性/(MPa·m$^{1/2}$)
单层 ZrN	0.55
TZ10	2.34
TZ18	4.13
TZ40	无裂纹

　　四组多层涂层在沙粒流量提高到 240g/h 后，冲蚀质量损失及冲蚀率等如表 3.10 所示，从表中可得，TiN/ZrN 多层涂层冲蚀率仍远低于单层的 TiN 和 ZrN 涂层。随调制周期减小，TiN/ZrN 多层涂层的冲蚀率有降低的趋势，即层数增加抗冲蚀性能提高。单层和多层涂层冲蚀率对比见图 3.25。

表 3.10　四组多层涂层的冲蚀质量损失及冲蚀率

编号	冲蚀质量损失/mg	冲蚀率/(mg/g)
TZ4	6.3	0.031
TZ10	5.8	0.029
TZ18	4.4	0.022
TZ40	3.2	0.016

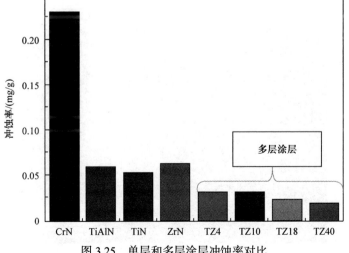

图 3.25　单层和多层涂层冲蚀率对比

图 3.26 是四组不同层数的 TiN/ZrN 多层涂层冲蚀后的表面宏观形貌。图中出现椭圆形的冲蚀磨损区域，椭圆形冲蚀区域中心部位冲蚀最严重，该区域明显比其他区域粗糙。椭圆形冲蚀区域周围部位为冲蚀轻微区域与其他区域存在色差。总体来说，四组多层涂层冲蚀后，表面较为平整，均未出现类似单层涂层冲蚀后的穿孔现象。

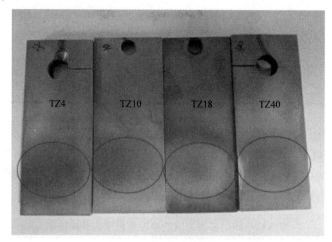

图 3.26　四组不同层数的 TiN/ZrN 多层涂层冲蚀后的表面宏观形貌

四组不同层数的 TiN/ZrN 多层涂层冲蚀后的表面微坑形貌如图 3.27 所示。四组 TiN/ZrN 多层涂层冲蚀微坑大小与未冲蚀前涂层表面液滴颗粒大小相仿，且在局部破坏的坑内均能清晰观察到多层结构。TZ18 和 TZ40 涂层冲蚀坑的深度明显小于 TZ4 和 TZ10 涂层，但点坑内露出的层数更多，尤其是 TZ40 涂层冲蚀后表面布满平整而均匀的环形花纹，个别圆环中心露出较深的小坑。

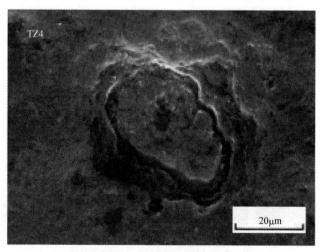

(a) 4 层

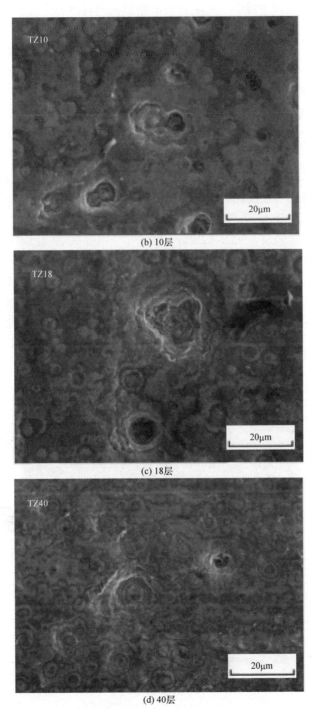

(b) 10层

(c) 18层

(d) 40层

图 3.27　四组不同层数的 TiN/ZrN 多层涂层冲蚀后的表面微坑形貌

　　多弧离子镀沉积过程中，液滴颗粒不断沉积到基体和涂层表面，并被后续涂层所覆盖。由于液滴颗粒在涂层中所处的深度不等，沉积结束后涂层表面呈现大小不等的凸起，如图 3.28(a)所示。在沙粒冲击涂层时，若金属颗粒处于较深处，这些表面凸起处在冲蚀粒子作用下被削平，露出层状结构，如图 3.28(b)所示。液滴颗粒强度和硬度低，靠近表面处的金属颗粒受到粒子冲击时，无法为其上面的硬质氮化物层提供足够支撑，导致表面氮化物层破碎剥落，暴露出金属颗粒[图 3.28(c)和(d)]，并在后续粒子冲击下脱落形成深坑。

　　靠近表面的颗粒突出高度较大，冲蚀时不仅顶部被削平，而且易造成颗粒脱落形成深坑。这些坑可能是裂纹产生的源头，且其边缘存在应力集中。在单层结构涂层中裂纹往往会快速扩展到基体，开裂后坑边缘缺少支撑的涂层脱落，使冲蚀坑扩大加深，最终形成穿孔。对于多层结构涂层，虽然冲蚀中金属颗粒脱落后坑边缘也存在大量裂纹，如图 3.29(a)～(c)所示，但多层结构会阻止裂纹沿深度方向扩展，表现为坑底几乎观察不到裂纹，如图 3.29(d)所示，这是单层结构涂层所不具备的。由于在多层结构涂层中裂纹不易向下扩展，即使形成了一些深坑，冲蚀粒子也难以对坑底直接造成损伤，而是在靠近表面的各层被破坏到一定程度后，下一层才会受到粒子作用发生开裂剥落，总体表现为沿深度方向的破坏速度非常缓慢。

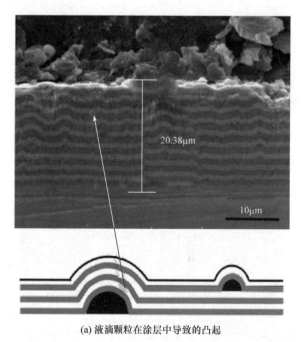

(a) 液滴颗粒在涂层中导致的凸起

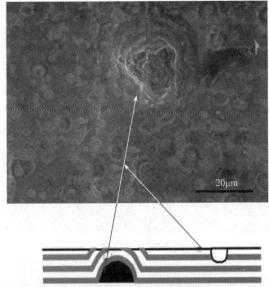

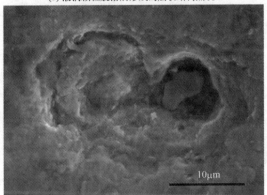

(b) 液滴颗粒脱落后形成的层状结构点坑

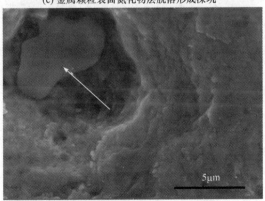

(c) 金属颗粒表面氮化物层脱落形成深坑

(d) 坑中尚未脱落的金属颗粒(箭头所指)

图 3.28　表面形貌变化示意图

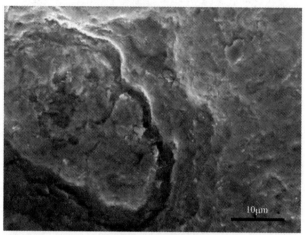

(a) 金属颗粒周围形成裂纹

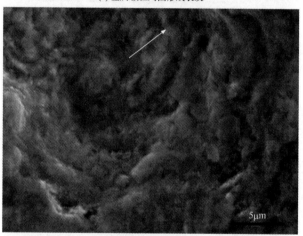

(b) 颗粒脱落后坑边缘裂纹

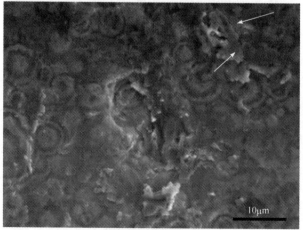

(c) 涂层局部形成的裂纹

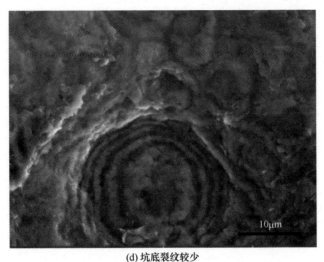

(d) 坑底裂纹较少

图 3.29　多层结构涂层表面冲蚀坑的微观形貌

3.3.3　氮化物纳米多层涂层

本小节采用与 3.3.2 小节相同的制备工艺，制备调制周期为 200nm，总厚度为 22μm，调制比为 1：1 的 TiN/ZrN 纳米多层涂层，图 3.30 为 TiN/ZrN 纳米多层涂层结构 TZ100。该纳米多层涂层的硬度为 3343HV，结合力为 72.5N。在冲蚀速度为 130m/s，冲蚀角为 45°，供沙量为 240g/h，沙粒粒径为 0～200μm 的冲蚀条件下，TiN/ZrN 纳米多层涂层的平均冲蚀率为 0.013mg/g，较表 3.10 中 40 层的 TiN/

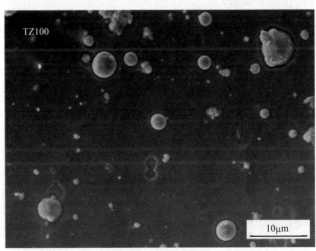

(a) TZ100表面形貌

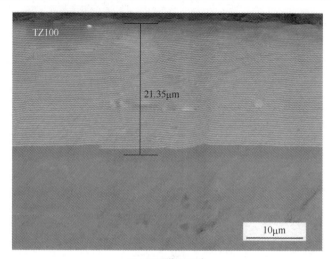

(b) TZ100截面形貌

图 3.30　TiN/ZrN 纳米多层涂层结构

ZrN 多层涂层冲蚀率降低了约 19%。因此，纳米多层涂层结构具有优异的抗冲蚀性能。

图 3.31 为 TiN/ZrN 纳米多层涂层冲蚀表面形貌。沙粒冲蚀涂层表面时，不仅会从液滴处(D 区)剥落，还会从应力集中处(E 区)开始剥落并逐层扩展，最终致使涂层剥落。

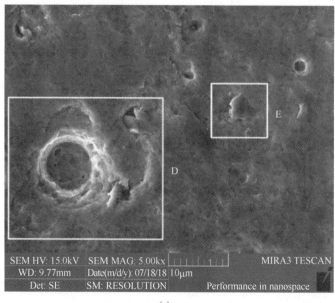

(a)

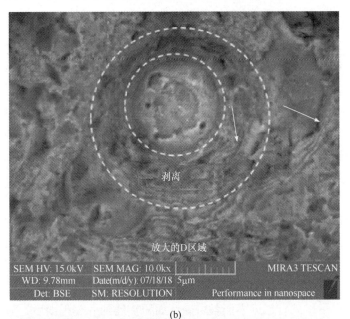

(b)

(c)

图 3.31　TiN/ZrN 纳米多层涂层冲蚀表面形貌

　　因此，综合单层、多层和纳米多层涂层冲蚀形貌结果，得到氮化物硬质涂层的冲蚀损伤失效机制如下：对于单层结构的涂层，在冲蚀初期，涂层表面的柱状晶"露头"和金属颗粒在沙粒不断地切削冲击下不断去除；与此同时，在它们周围缺陷部位，如颗粒脱落后留下的小坑或出现应力集中区和脱落后留下的小坑，内部或周围在沙粒的不断垂直冲击下会有裂纹萌生，并随着冲蚀过程的进行，损伤加剧；萌生的裂纹不断横向、纵向扩展，直至基体表面，形成穿透冲蚀坑；粗大的柱状晶与周围柱状晶存在空隙时，还会发生柱状晶断裂脱落，最终相连在一起，涂层发生片状剥落或形成小而深的冲蚀坑大面积减薄损伤，直至露出基体。

　　对于多层涂层，冲蚀损伤也是从金属颗粒或颗粒脱落留下的凹坑处开始。与单层涂层不同的是，其产生的裂纹在扩展过程中会受到多层之间界面的阻碍，发生停止或转向，延缓涂层的失效。由于涂层本身强度较高，即使表面出现局部小坑，坑的扩大也很缓慢。坑深度较大时，底部受坑边涂层的遮挡，难以直接受到冲击粒子的作用，只有靠近表面各层破坏面积扩展到一定程度后，露出的深部才会发生损伤。

　　对于抗冲蚀涂层结构与材料体系的优化设计，可以利用仿真和试验方法。仿真方法可在确定材料体系情况下获得材料体系本构模型参数，试验方法可以与仿真方法结合，并且提供必需的参数；另外，仿真结果需要用试验数据进行验证，通过对比力学和冲蚀性能，最终获得最优的涂层结构。

参 考 文 献

[1] PODGORNIK B, VIZINTIN J , WANSTRAND O, et al. Wear and friction behaviour of duplex-treated AISI 4140 steel[J]. Surface & Coatings Technology, 1999, 120: 502-508.

[2] MARIUSZ B, WIESLAW B. FE modelling of surface stresses in erosion-resistant coatings under single particle impact[J]. Wear, 2006, 262(1): 167-175.

[3] CAO X, HE W, HE G, et al. Sand erosion resistance improvement and damage mechanism of TiAlN coating via the bias-graded voltage in FCVA deposition[J]. Surface & Coatings Technology, 2019, 378: 1-9.

[4] 谭超, 何卫锋, 曹鑫, 等. 多层梯度结构对 TiAlSiN 涂层摩擦磨损性能的影响[J]. 中国表面工程, 2018, 31(3): 68-76.

[5] HAUGEN K, KVERNVOLD O, RONOLD A, et al. Sand erosion of wear-resistant materials: Erosion in choke valves[J]. Wear, 1995, 186: 179-188.

[6] WELLMAN R G, ALLEN C. The effects of angle of impact and material properties on the erosion rates of ceramics[J]. Wear, 1995, 186: 117-122.

[7] GRILEC K, CURKOVIC L, KUMIC I, et al. Erosion mechanisms of aluminium nitride ceramics at different impact

angles[J]. Materialwissenschaft Und Werkstofftechnik, 2011, 42(8): 712-717.

[8] 周玉. 材料分析方法[M]. 2 版. 北京: 机械工业出版社, 2004.

[9] 邱龙时, 乔关林, 马飞, 等. TiN 薄膜的残余应力调控及力学性能研究[J]. 机械工程学报, 2017, 53(24): 42-48.

[10] ZHANG S, SUN D, FU Y, et al. Toughness measurement of thin films: A critical review[J]. Surface & Coatings Technology, 2004, 198(1): 74-84.

[11] 钟彬. CrN 薄膜的制备及腐蚀性能分析[D]. 大连: 大连理工大学, 2006.

第 4 章　抗冲蚀涂层的制备方法

4.1　等　离　子　体

抗冲蚀涂层的制备工艺常采用基于等离子体的 PVD 方法，本节先介绍等离子体的一些基本知识[1]。

等离子体是大量做随机运动的自由带电粒子的集合体，通常以气态形式存在，其形成与物质内能相关。随着自身内能的增加，物质逐渐由固态转化为液态、气态，最终通过热运动的撞击被离化出离子和电子，形成等离子体。图 4.1 为物质四态，等离子态也常称为物质第四态。

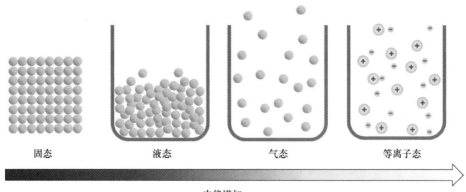

固态　　　　液态　　　　气态　　　　等离子态

内能增加

图 4.1　物质四态

等离子体和气体两者之间没有相变，但等离子体和普通气体本质不同。普通气体由分子构成，分子之间相互作用力是短程力，仅当分子碰撞时，分子之间的相互作用力才有明显效果。等离子体由大量带电粒子与中性粒子组成，带电粒子之间的库仑力是长程力，其作用效果远远超过局部短程碰撞效果。因此宏观上，等离子体呈现出独特的性质。

等离子体是宇宙中物质存在的主要形式。例如，恒星、星际物质和地球周围的电离层等，占宇宙总物质质量的 99% 以上。在地球环境下，等离子体的含量却远少于其他三态的物质，自然存在的大规模等离子态现象仅有闪电、极光等。由于等离子体的高能量态，地球生物难以和等离子体共存，但是随着科技的发展，人们发现了等离子体在材料处理、核能利用等方面的巨大价值，并进行了大量深入的研究和探索。

下面简单介绍等离子体的基本参数和基本性质。

4.1.1　等离子体的热平衡态

通常用温度描述粒子作无规则热运动的剧烈程度。等离子体中存在离子和电子，两者的温度分别用离子温度 T_i 和电子温度 T_e 表示。当两者相等时，等离子体处于热平衡态，可称其为高温等离子体；当两者不相等时，则为非热平衡态，称为低温等离子体。宇宙中的恒星是处于热平衡态的等离子体，但在地球实验室条件下的等离子体基本不处于热平衡，而且它们与周围环境之间也不能达到热平衡。这种现象产生的原因是实验室的等离子体通常依靠外加电场驱动产生，离子和电子两者的质量相差很大，电场的输入功率更多地传递给了质量较轻的电子，而质量较重的离子很难直接从电场获得能量，与电子碰撞产生的能量交换也微乎其微。因此，在实验室工作时间尺度内，低温等离子体的 $T_e \gg T_i$，通常称离子是"冷"的。在离子蒸镀过程中，这种效应非常明显。真空蒸发镀依靠对阴极靶材加热，使蒸发料熔化，但获得的热动能较小。蒸发料粒子依靠初始动能运动到工件附近，最后附着于工件表面，形成的涂层附着性能较差。

4.1.2　等离子体的电离率

两个粒子之间的碰撞可能产生很多不同的结果，如弹性散射只有动能的交换，非弹性散射的效果包括电离、复合和激发等。可以想象，温度的提升带来了粒子动能的提升，同时导致粒子之间相互碰撞次数增加，气体的离化程度增大。地球环境下，等离子体的总量非常少，但等离子体占宇宙环境下总物质质量的 99%以上，这个现象可以利用沙哈(Saha)方程解释，见式(4.1)：

$$\frac{n_i}{n_N} = 2.4 \times 10^{21} \frac{T^{3/2}}{n_i} \exp\left(\frac{-U_i}{kT}\right) (\text{SI单位制}) \tag{4.1}$$

式中，n_i 为离子密度；n_N 为气体密度；T 为气体温度；U_i 为气体的电离能；k 为玻尔兹曼常数。

Saha 方程的物理意义是描述在一定温度、一定密度以及确定原子电离能的情况下的等离子体的电离程度。从 Saha 方程可以看出，温度越高，密度越低，气体的电离度越大。如果代入地球空气(氮气)的典型数值：$n_N = 3 \times 10^{25} \text{m}^{-3}$，$T = 300\text{K}$，$U_i = 14.5\text{eV}$，可以计算得到室温下空气的电离度 $x_{iz} \approx 10^{-122}$，是一个极小的数值。因此，在地球环境下很难自发形成等离子体。

若温度提升到 10^4K，电离度则会迅速升至 10^{-3}。这是工业领域以及实验室中产生的等离子体电离率的典型值，把这类等离子体称为弱电离等离子体。对于太阳这种宇宙天体，其核心温度可高达 10^8K，电离率无限接近 1，是完全电离等离子体。由此可见，温度对电离率的影响巨大，是等离子体形成的重要因素。在涂层制备试验和工程应用中，为了保证涂层的沉积速率，常需要提高温度以达到较高的电离率。例如，在电弧离子镀中，利用极高电流形成的电弧蒸发靶材，温度可达几万度，保证了靶材较高的电离率。

4.1.3 气体放电理论与特性

在强电场、高辐射和高温加热等条件下，气体原子逐渐电离，产生大量自由移动的带电粒子，形成等离子体，使气体成为良好导体的现象称为气体放电过程。试验室内由电场驱动的低气压气体放电现象通常可以用汤森放电(Townsend discharge)理论解释：在两个平板电极中加载一定的电场，从阴极板逸出的电子会在电场中加速，撞击其他原子并产生新的电子，并再次加速撞击出新的电子，电子的数量与运动距离呈指数增长，形成"电子雪崩"，如图 4.2 所示。达到一定程度时，电极间气体被击穿，从而形成自持放电等离子体。

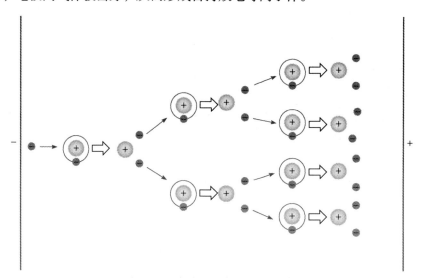

图 4.2　汤森放电示意图(电子雪崩)

图 4.3 给出了典型低气压气体放电的伏安特性曲线，大致分为三个主要区域：

(1) 暗放电(dark discharge)区域:处于图 4.3 曲线 A～E 区域。低电压下电流几乎为 0，到达饱和电压 C 点后气体开始出现汤森放电，随着电流逐渐增强，气体分子逐渐被激发，当气体分子被击穿后电压开始回落，气体逐渐出现发光现象。在不均匀电场内，可能出现电晕放电(曲线 D～E 区域)。

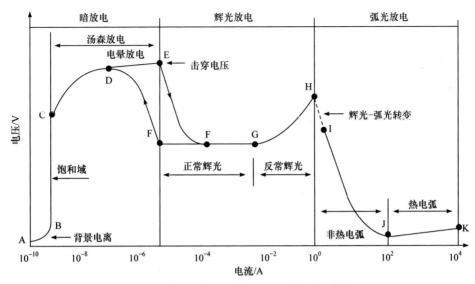

图 4.3　典型低气压气体放电的伏安特性曲线

(2) 辉光放电(glow discharge)区域：处于图 4.3 曲线 E～H 区域。此时随着电流的增大，气体的放电电压逐渐下降，之后趋于恒定，整个腔室内发出柔和的辉光。辉光放电的电流大，电场分布均匀，是整体大面积的均匀放电。在材料表面处理的应用实例，如电弧离子镀中，利用辉光放电产生的溅射效应清洗工件表面的杂质，称为"辉光清洗"。

(3) 弧光放电(arc discharge)区域：处于图 4.3 曲线 I～K 区域。此时气体被完全导通，形成极高的电流，且电压迅速下降，在腔室内可以看到耀眼的光斑或弧柱。弧光放电的高电流带来了极高的温度，足以将部分金属直接气化电离，在材料处理中，常利用弧光放电加热并离化靶材，或利用高温焊接金属。

4.1.4　等离子体鞘层与离子轰击效应

等离子体与器壁、极板接触的部分，会形成一个特殊区域。由于电子质量小，在接触到极板、器壁后会被迅速带走，在空间只留下质量较大的离子，其密度与距离极板的距离有关，这样的电荷分布形成了一个从等离子体内部到器壁迅速下降的电势场，该电场矢量指向器壁表面，在边界吸引离子而排斥电子，这个区域结构被称为鞘层(sheath)，等离子体的鞘层电势如图 4.4 所示。在鞘层内部，电子的密度几乎为 0，整个区域不再呈准中性结构。鞘层的边界与等离子体内部之间也会形成一个自洽的过渡区，使得电势平滑过渡，这个区域被称为预鞘层(presheath)。当极板或器壁接入负偏压时，鞘层与预鞘层的边界将向等离子体内部延伸，偏压绝对值越大，形成的鞘层越厚。

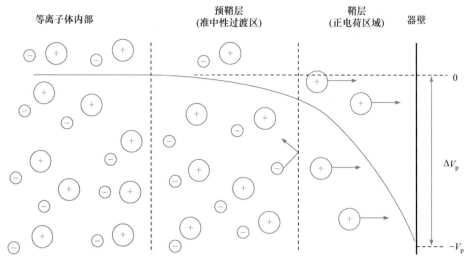

图 4.4　等离子体的鞘层电势

鞘层具有非常重要的物理性质。从等离子体阳极到阴极，绝大部分等离子电势的下降均产生在鞘层内部。鞘层压降能引导离子加速撞击阴极，引发离子轰击效应。离子轰击可产生多种效果，如向阴极板传递能量，在等离子体试验中阴极板普遍高出环境温度 100K 或更高；可形成溅射，即将固体靶材的物质砸出表面，从固态直接转化为等离子态，进入等离子体内部；可引发轰击离子与基体物质的化学基元反应，生成可以被方便带走的气体物质，从而实现刻蚀；可以增强离子在表面沉积或注入效果，细化涂层晶粒，从而形成结合牢固、坚硬的涂层或渗入层。这些效应对于材料的表面处理与改性，如物理气相沉积、等离子体增强离子注入和等离子体刻蚀等极其重要，是等离子体材料处理研究的重点。

4.2　物理气相沉积方法

物理气相沉积技术是在真空条件下，将靶材的表面材料气化成气态原子、分子或部分电离成离子，并通过低压气体(或等离子体)的输运过程，在基体表面沉积具有某种特殊功能薄膜的技术。目前，物理气相沉积技术不仅可沉积金属膜和合金膜，还可以沉积化合物、陶瓷、半导体和聚合物膜等。常见的物理气相沉积的主要方法有真空蒸发镀(vacuum vapor plating)、溅射镀膜(sputtering coating)、电弧离子镀(arc ion plating/deposition)等。

4.2.1　真空蒸发镀

图 4.5 为真空蒸发镀原理示意图。在真空腔内通过加热使材料靶材蒸发，形

成蒸气束，同时保证待镀件较低的温度，使靶材在待镀件表面沉积。

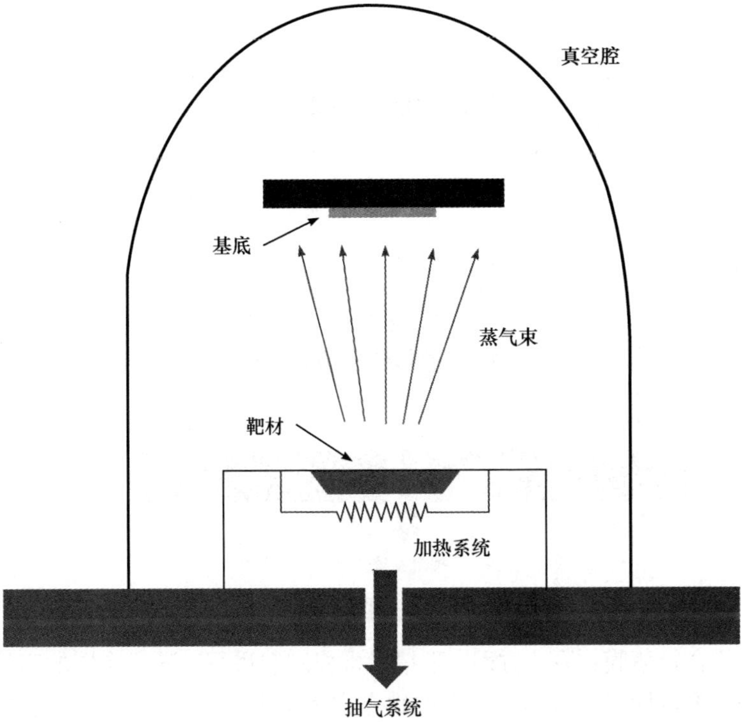

图 4.5 真空蒸发镀原理示意图

真空蒸发镀的优点是原理和方法都比较简单。主要缺点是粒子对于镀件几乎没有冲击，薄膜与基底(待镀件)的结合不是十分紧密。此外，其镀膜速度较低，绕射性差，只适合制备低熔点材料薄膜。

4.2.2 磁控溅射

磁控溅射原理如图 4.6 所示，靶材表面的粒子被溅射出来，并通过靶材底部装有永磁铁和电磁场约束粒子的运动轨迹，当在阴极靶材上加载负偏压时，大量从阴极发射出来的电子将被靶面附近的磁场所束缚，围绕磁力线做洛伦兹运动，从而提高了靶材表面的电子密度，并大大提高了靶材表面附近电子与气体粒子之间的碰撞概率。当腔体内引入其他中性粒子，如 Ar 时，将与靶材表面的电子碰撞，形成 Ar^+，Ar^+在电场的加速下轰击阴极靶材，溅射出靶材材料，最终靶材粒子在初始动能的作用下输运并沉积在基底上。

相比其他镀膜技术，磁控溅射的优点在于，一方面可制备成靶材的材料比较多，几乎包括所有金属、合金和陶瓷材料，基于多元靶材或者复合靶材的溅射方式，在溅射的放电气氛中加入氧、氮或其他活性气体，可堆积构成靶材物质与气

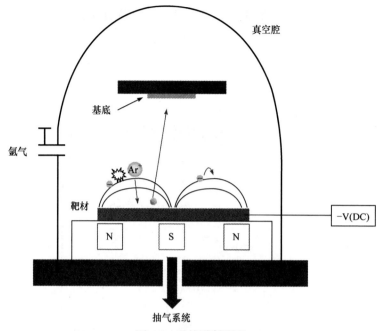

图 4.6　磁控溅射原理

体分子的化合物薄膜；另一方面，可精确操控溅射进程，满足涂层的高精度需求，膜层细密，附着性好等。磁控溅射的缺点主要是离化率较低，基片轰击不够，强结合力不足，镀膜效率低，成本较高。

4.2.3　电弧离子镀

离子镀也是物理气相沉积技术的主要形式，在真空条件下，利用高电压、电流和电离的气体轰击靶材，使靶材物质电离，并在负偏压作用下，将靶材物质或其反应物沉积在基片上。离子镀的方式很多，也可以与其他物理气相沉积方法结合，如磁控溅射离子镀、反应离子镀、空心阴极放电离子镀(空心阴极蒸镀法)、多弧离子镀(阴极电弧离子镀)等。离子镀具有离化率高(最高可达 100%)、沉积速率大、轰击剧烈、镀层附着性能好、绕镀能力强、镀层质量好、清洗过程简化、可镀材料广泛等优点，已经在工业领域广泛应用。

电弧离子镀的沉积过程如图 4.7 所示，腔室壁接阳极，工件接阴极。在高真空度的腔室内加入一定量的惰性氩气，当通以高压直流电后，在电场作用下，部分氩气被电离，腔室壁与工件之间产生辉光放电，并在阴极工件周围形成鞘层。带正电荷的氩离子受到阴极负高压吸引，经过鞘层的加速，猛烈地轰击工件表面，致使工件表层污染层被轰溅抛出，从而使工件待镀表面得到了充分的离子轰击清洗。随后，开启靶材弧电源，引发靶材表面的弧光放电，使材料蒸发，进入辉光放电区并被电离。带正电荷的靶材离子与输入的反应气体结合，一同向阴极工件移动，并加速沉积在工件表面，逐渐堆积在工件表面形成一层牢固的镀层。

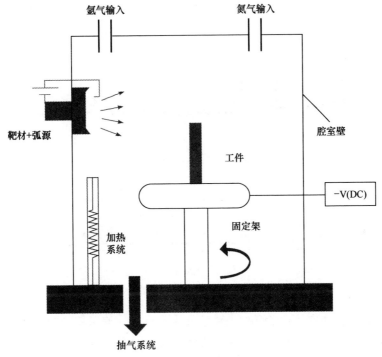

图 4.7 电弧离子镀的沉积过程

电弧离子镀的缺点是电弧处的高温以及离化粒子的撞击，在工件表面极易产生一些大颗粒金属液滴，这些液滴一方面严重影响镀层的平整度，同时也是冲蚀和腐蚀的源头，尤其对于航空发动机压气机叶片，可能引发疲劳问题，需要用特殊手段过滤或分离。

4.3 偏压对抗冲蚀涂层性能的影响

电弧离子镀是利用弧光放电技术将阴极靶材蒸发并发生部分电离而形成等离子体，在衬底负偏压的引导下，沉积在基体表面。因此，偏压是影响涂层性能的主要工艺参数之一[2-5]，本节以 TiN、TiAlN 沉积过程中偏压对涂层力学性能的影响为例，分析偏压对涂层性能的影响。

图 4.8 为不同偏压下沉积 TiN 涂层的 XRD 图谱。当 TiN 涂层中的相成分以 TiN(NaCl 型结构)和少量 $TiN_{0.26}$ 为主，偏压升高，TiN(200) 和 $TiN_{0.26}$(100) 相强度减弱，而 TiN(220) 峰强先增大后减小。–250V 和 –450V 时，TiN(111) 的择优取向

与 TiN(111)表面的最小应变能和 TiN(200)表面的最小表面能有关，是系统的最小表面能和应变能竞争的结果[6,7]。−350V 偏压下，晶体的择优取向为 TiN(220)。

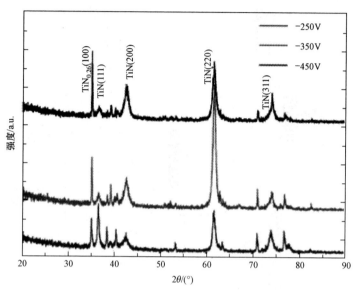

图 4.8　不同偏压下沉积 TiN 涂层的 XRD 图谱

　　图 4.9 为不同偏压下沉积的 TiN 涂层表面形貌。偏压从−250V 改变到−450V 时，晶粒尺寸先减小，然后随着偏压的增加略有增大，当偏压为−350V 时，晶粒尺寸最小，表面致密。结合 XRD 图谱结果分析，由于 TiN(220)择优取向有利于晶粒细化，因此形成的涂层表面致密，进一步影响涂层的力学性能。

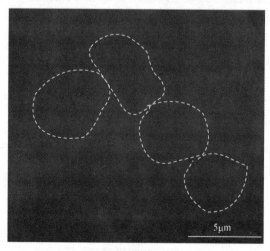

(a)−250V

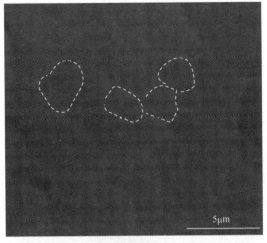

(b) −350V

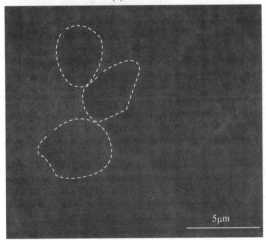

(c) −450V

图 4.9 不同偏压下沉积的 TiN 涂层表面形貌

图 4.10 为不同偏压下沉积 TiN 涂层的力学性能，硬度和弹性模量见表 4.1。H/E[8,9]和 H^3/E^2 [9,10]分别是反应材料抵抗弹性应变和塑性变形的参数，且 H^3/E^2 与涂层抗冲蚀性能呈正相关[11]。如图 4.10 所示，−350V 偏压下涂层具有最大的硬度、弹性模量和 H^3/E^2。涂层的 H/E 随着基体偏压的升高而增大，H^3/E^2 随基体偏压的升高先增大后减小。−350V 基体偏压下制备的涂层具有最大的 H^3/E^2，即 −350V 基体偏压下制备的涂层可能具有最优的抗冲蚀性能。

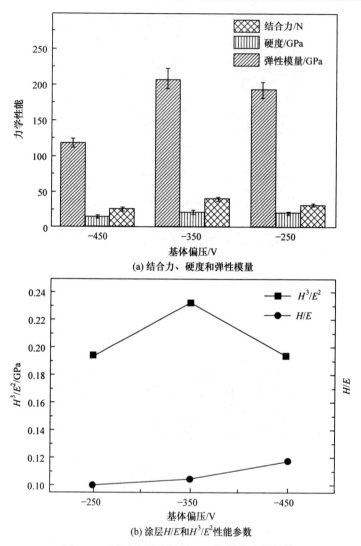

(a) 结合力、硬度和弹性模量

(b) 涂层H/E和H^3/E^2性能参数

图 4.10　不同偏压下沉积 TiN 涂层的力学性能

表 4.1　不同偏压下沉积 TiN 涂层硬度和弹性模量

基体偏压/V	H/GPa	E/GPa	H/E	H^3/E^2/(GPa)
−250	19.3±1.8	192.3±10.9	0.100	0.194
−350	21.6±2.1	208.4±14.3	0.104	0.232
−450	13.9±1.3	118.1±6.2	0.118	0.193

　　图 4.11 为三种偏压下制备的 TiN 涂层表面后得到的冲蚀区二维剖面。−350V 偏压下制备的涂层冲蚀深度最浅，表明其具备较优的抗冲蚀性能。结合−250V 和

−450V 冲蚀深度结果，对比 H^3/E^2 性能参数，涂层的抗冲蚀性能与该参数成正比。

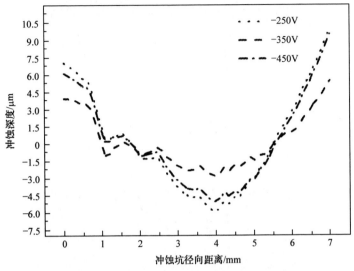

图 4.11　三种偏压下制备的 TiN 涂层表面后得到的冲蚀区二维剖面

　　为获得较好的抗冲蚀性能，采用梯度偏压沉积法，以获得梯度变化的涂层结构，避免因涂层结构和性能的突变引起冲蚀性能的降低[12-23]。本节以 PVD 法制备的梯度偏压 TiAlN 涂层为例，说明偏压对涂层结构、形貌、力学和冲蚀性能的影响。图 4.12 为在恒定偏压和梯度偏压下制备的 TiAlN 涂层的横截面扫描电镜图。恒定偏压下沉积的 TiAlN 涂层沉积率先增大后减小。提高偏压虽然可以提高离子流的能量和速度，但是也会产生离子溅射，涂层的沉积率由沉积与溅射这两个因素共同决定[23, 24]。梯度偏压下制备的 TiAlN 涂层厚度约为 3.6μm，高于所有恒定偏压下制备的 TiAlN 涂层的厚度。这是由于在沉积初期，低偏压下的弱溅射效应有

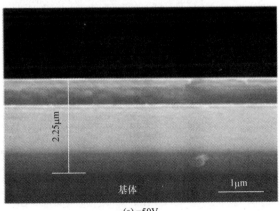

(a) −50V

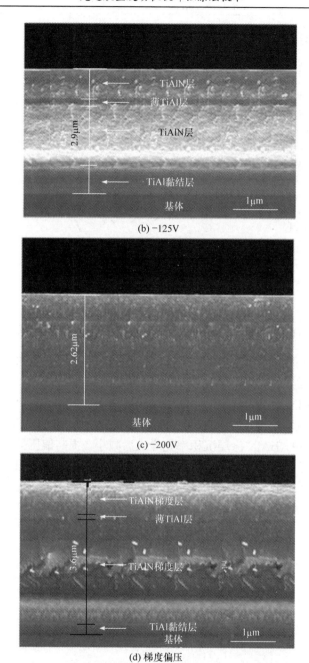

图4.12 在恒定偏压和梯度偏压下制备的 TiAlN 涂层的横截面扫描电镜图

利于薄膜的生长，随着偏压逐渐增大，涂层结构更致密，当偏压改变为-200V 时，原来沉积于表面的致密原子很难被随后的离子溅射出涂层表面。因此，梯度偏压沉积法可以提高涂层沉积速率。

　　偏压对涂层晶粒生长的影响如图 4.12 所示，涂层包括 TiAl 黏结层、TiAlN 层和薄 TiAl 层。其中，TiAl 黏结层采用高能钛离子溅射方法制备，以阻止 TiAlN 晶粒生长。如图 4.12(d)所示，在−50V 下沉积的 TiAlN 涂层由等轴晶粒组成。当偏压值改变到 125V 和 200V 时，晶粒向柱状结构转变。梯度偏压下制备的 TiAlN 涂层在底部附近呈间歇性柱状晶体结构。结构变得更紧凑了。从中间位置到表面的柱状晶不如涂层底部的明显，说明梯度偏压沉积法可以抑制柱状晶的生长。

　　图 4.13 为恒定偏压沉积的 TiAlN 涂层(−50V、−125V、−200V)和梯度偏压沉积的 TiAlN 涂层(−50～−200V)XRD 图谱。结果表明，−50V 沉积的 TiAlN 涂层具有 fcc-TiAlN 和 hcp-AlN 的双相结构。当偏压增大或梯度增加时，hcp 相消失。在 −125V 的偏压下，TiAlN 显示出(200)择优取向；当偏压改变为−200V 时，峰值(200) 消失，择优取向转变为(111)。梯度偏压沉积 TiAlN 涂层中，消失的(200)峰值重新出现，并且变得更宽，根据 Scherrer 公式，表明晶粒细化，与图 4.12 的扫描结果一致。

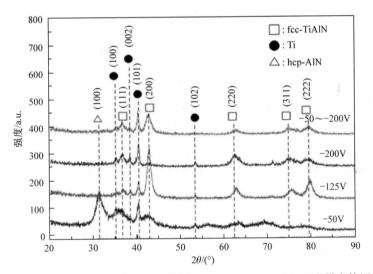

图 4.13　恒定偏压沉积的 TiAlN 涂层(−50V、−125V、−200V)和梯度偏压
沉积的 TiAlN 涂层(−50～−200V)XRD 图谱

　　图 4.14 为恒定偏压 TiAlN 涂层(−50V、−125V、−200V)和梯度偏压 TiAlN 涂层(−50～−200V)的内应力。高偏压下沉积的 TiAlN 涂层具有较高的应力。当恒定偏压为−50V 和−200V 时，TiAlN 涂层分别对应最小应力和最大应力，具体为 (3.35±0.03)Gpa 和(3.95±0.07)GPa。原因是较高的偏压会引起离子束对涂层表面的轰击，使涂层缺陷密度增加，从而涂层内应力增加[25-30]。梯度偏压沉积的 TiAlN 涂层内应力为(2.66±0.23)GPa，比恒定偏压沉积的 TiAlN 涂层内应力低。这是因为梯度偏压沉积 TiAlN 涂层过程中，偏压的逐步增大使沉积能比之前高，所以增

加了原子的迁移率，促进了原子扩散，最终使低偏压沉积时产生的缺陷随着原子的扩散而消失[30,31]，降低了涂层内应力。

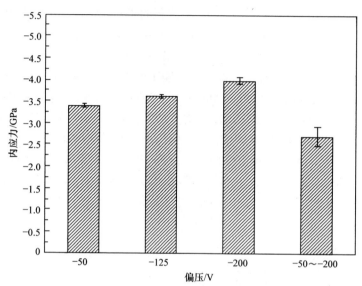

图 4.14　恒定偏压 TiAlN 涂层(–50V、–125V、–200V)和梯度偏压 TiAlN
涂层(–50～–200V)的内应力

　　为了进一步揭示偏压对涂层结合强度的影响规律，采用划痕仪测定了 TiAlN 涂层的结合强度。根据 ASTM 标准(C1624-05)[32]，将两个临界载荷 L_{C1} 和 L_{C2} 分别为涂层首次裂纹萌生和局部剥落时的载荷值，这两个临界载荷可以结合 TiAlN 涂层的划痕光学图像获得[33]。本节以 L_{C2} 来评估 TiAlN 涂层的结合强度[34-36]。TiAlN 涂层的划痕光学图像如图 4.15 所示，图中箭头标记处为涂层的 L_{C2}。–50V 下沉积的 TiAlN 涂层结合强度为 25.43N，当偏压为–125V，结合强度变为 29.74N，–200V 时变为 26.99N。偏压升高，离子轰击效应显著增强，结合强度增加，然而涂层的内应力也会增加，因此–200V 偏压下沉积的 TiAlN 涂层硬度下降[37]。梯度偏压 TiAlN 涂层的结合强度最高，约为 44.03N。结合图 4.14 的结果分析得到，梯度偏压不仅能够提高涂层的韧性，而且可以降低涂层内应力，因此结合强度得到提高[21,22]。

　　为进一步分析恒定偏压对涂层抗冲蚀性能的影响规律，针对不同偏压参数下沉积的 TiAlN 涂层分别开展冲蚀试验，冲蚀速度为 80m/s，冲蚀角度为 30°和 90°，图 4.16 为 TiAlN 涂层在 30°和 90°冲蚀角下的质量冲蚀率。恒定偏压沉积下，当偏压从–50V 改变到–125V 时，TiAlN 涂层在 30°冲蚀角下的冲蚀率基本不变(从 0.0145mg/g 增加到 0.015mg/g)，当偏压为–250V 时，冲蚀率增大到 0.022mg/g；TiAlN 涂层在 90°冲蚀角下的冲蚀率随偏压升高而增大。梯度偏压沉积的 TiAlN 涂层，在 30°和

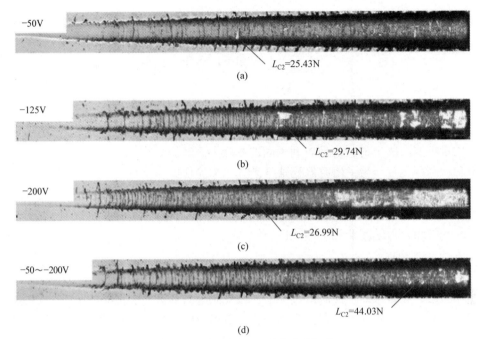

图 4.15　TiAlN 涂层的划痕光学图像

90°冲蚀角时的冲蚀率分别为 0.014mg/g 和 0.013mg/g，均表现出较高的抗冲蚀性能。这是由于梯度偏压沉积的涂层具有高硬度和低应力，前者有利于抵抗沙粒低角度冲蚀磨损涂层，后者能保证涂层在反复高角冲击下不会被快速破坏。因

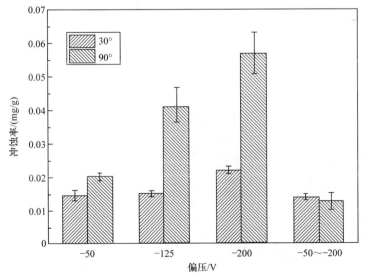

图 4.16　TiAlN 涂层在 30°和 90°冲蚀角下的质量冲蚀率

此，梯度偏压沉积工艺是提高涂层抗冲蚀能力的有效方法。

4.4　氮气流量对抗冲蚀涂层性能的影响

抗冲蚀性能是涂层材料的一种综合性能体现，同时受到材料的硬度、韧性、残余应力和表面粗糙度等多重因素的影响，究其根本，涂层材料的力学性能和表面质量主要取决于材料内部各元素间的微观形态和组织结构。TiN 涂层主要包括氮和钛两种元素，为了研究氮元素含量对 TiN 涂层组织结构、基本力学性能和抗冲蚀综合性能的影响，以及获得与高抗冲蚀性能最匹配的氮元素含量，本节通过改变涂层制备过程中输入的氮气流量，以获得不同 N/Ti 元素比例的 TiN 涂层，并研究其组织、力学性能和抗冲蚀性能的影响。

4.4.1　氮气流量对涂层组织结构的影响

为了研究多弧离子镀制备过程中，氮气流量参数对涂层性能的影响，分别采用扫描电子显微镜和能谱仪观察不同氮气流量下涂层的表面形貌和元素组成及其相对含量，利用 XRD 测试不同氮气流量下涂层的物相组成，并结合 $\sin^2 \psi$ 方法测试了涂层内残余应力，采用 X 射线光电子能谱法(X-ray photoelectron spectros- copy, XPS)检测涂层内各元素的化学结合状态。

1. 涂层的表面形貌与元素组成

图 4.17 是不同氮气流量下 TiN 涂层的表面形貌及其相应的能量色散谱(energy dispersive spectroscopy, EDS)元素分析结果。随着氮气流量的增加，涂层表面缺陷密度先减小，并在 20sccm 的氮气流量下达到最低，然后随着氮气流量增加，涂层表面的缺陷开始增多，当氮气流量增加至 32sccm 时，TiN 涂层表面出现了大

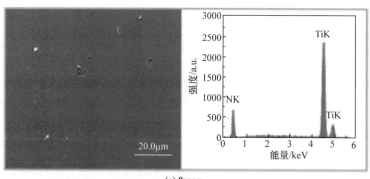

(a) 8sccm

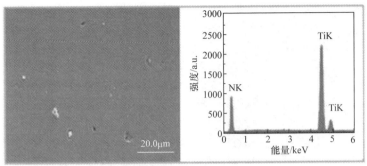

(b) 12sccm

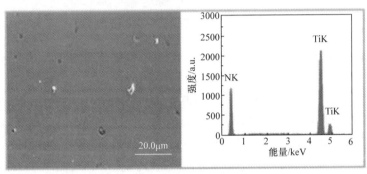

(c) 16sccm

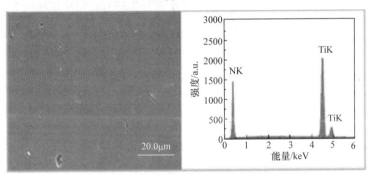

(d) 20sccm

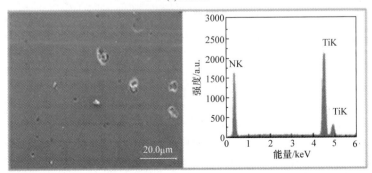

(e) 26sccm

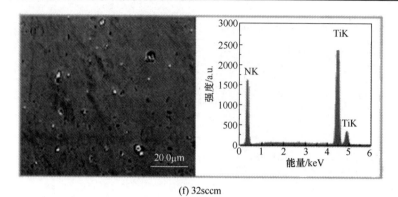

(f) 32sccm

图 4.17　不同氮气流量下 TiN 涂层的表面形貌及其相应的 EDS 元素分析结果

量液滴缺陷和液滴脱落留下的大量空穴。这些液滴缺陷及空穴很可能导致涂层在冲蚀过程中过早失效。

　　为了获得涂层中钛元素和氮元素的相对含量,分别对不同涂层进行了 EDS 元素分析,从能谱图中可以明显看出,所有的 TiN 涂层均主要由钛和氮两种元素组成,而且氮气流量越高,所沉积涂层中的氮元素含量越丰富。通过计算氮元素与钛元素的原子比值,得到了氮气流量为 8 sccm、12 sccm、16 sccm、20 sccm、26 sccm 和 32 sccm 时,各涂层中的 N/Ti 原子比值分别为 0.375、0.621、0.761、0.846、0.873 和 0.897,N/Ti 原子比值随氮气流量的变化曲线如图 4.18 所示。由图可知,当氮

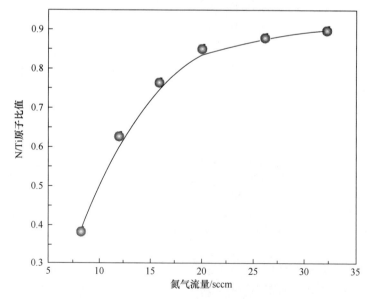

图 4.18　N/Ti 原子比值随氮气流量的变化曲线

气流量从 8 sccm 增加到 20 sccm 时,涂层中的 N/Ti 比值从 0.375 急剧增加到 0.846,然而,随着氮气流量继续增加到 32 sccm 时,涂层中 N/Ti 比值仅增加了约 6.03%。结果表明,对于磁过滤阴极真空弧方法制备的 TiN 涂层,当氮气流量小于 20sccm 时,涂层中的 N/Ti 原子比值对氮气流量敏感,反之,变化不明显。

2. 涂层的物相组成

为了进一步分析氮气流量对涂层物相组成的影响,采用 XRD 对各涂层进行了表征测试,不同氮气流量下 TiN 涂层的分析图谱如图 4.19 所示。当氮气流量为 8sccm 时,涂层中几乎没有形成 TiN 相,其物相组成主要包括 TiO 和 TiO_2。经分析,这很可能是涂层中极低的 N/Ti 原子比值造成的,氮元素的严重缺乏,使涂层中的氮原子明显不足以与所有钛原子发生反应,导致大量的钛原子剩余。当涂层从真空室中取出后,剩余的钛原子与空气中的氧气发生反应,在涂层表面形成了大量的 TiO 和 TiO_2 相。随着氮气流量增加至 12sccm,在涂层的 XRD 图谱中,除了一些 TiO 峰外,还显示了 5 个典型的 TiN 峰(JCPDS NO.65-5759),它们分别对应于 TiN(111)、TiN(200)、TiN(220)、TiN(311)和 TiN(222),这表明氮气流量为 12sccm 时,涂层中逐渐形成 TiN 相,但仍有 TiO 相存在。类似的物相组成在氮气流量为 16sccm 的涂层中同样存在。随着氮气流量的继续增大(20~32sccm),涂层中的 TiO 相消失,但由于氮气微缺,涂层主要由 TiN 相和少量的 Ti_2N 组成。此外,当氮气流量为 8~16sccm 时,涂层中衍射峰的半高宽值显著大于其他涂层,说明氮气流量小于 20sccm 时,TiN 涂层的结晶度较差。

由图 4.19 可知,氮气流量对涂层的择优生长取向有重要的影响。随着氮气流量的增加,涂层中 TiN(111)晶面的衍射强度先增大,并在氮气流量为 20sccm 时达到最大值,然后减小;而 TiN (200)晶面的衍射强度则呈现持续下降的趋势。相反地,TiN (220)晶面的衍射强度则随着氮气流量的增加而持续增大,即随着氮气流量的增加,TiN 涂层的择优生长取向依次由 TiN(200)晶面逐渐演变为 TiN(111)晶面,最后涂层沿着 TiN(220)晶面择优生长。

3. 涂层的化学形态

XPS 技术有着优异的元素选择性、量化特征和表面灵敏度,能实现样品表面元素化学形态的鉴别。通常 TiN 涂层的化学形态主要通过比对 Ti 2p 光电子图谱中各峰的结合能位置和相应的金属或金属氮化物的元素特征谱线位置来判定。图 4.20 为经过 360sAr⁺溅射后各涂层的 Ti 2p 光电子图谱。随着氮气流量的增加,涂层的 Ti 2p 光电子图谱在峰值结合能和峰值强度方面均呈现出非线性变化规律。根据图

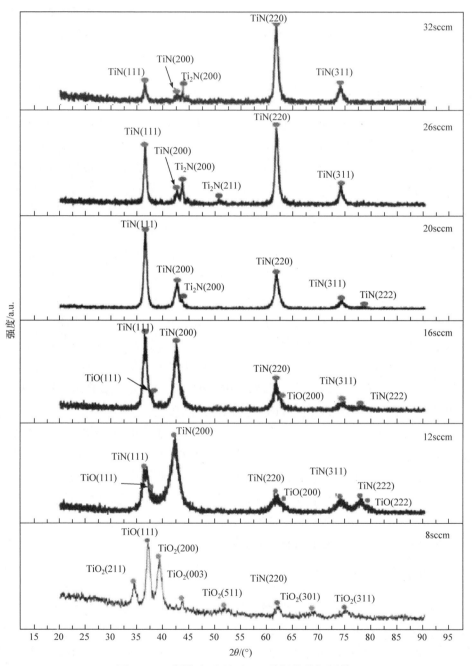

图 4.19　不同氮气流量下 TiN 涂层的分析图谱

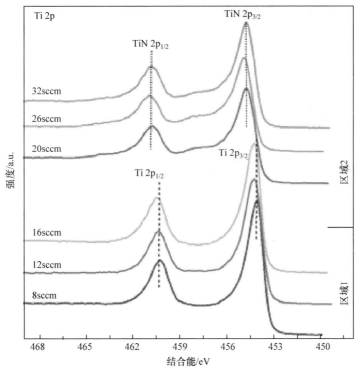

图 4.20　经过 360s Ar⁺溅射后各涂层的 Ti 2p 光电子图谱

谱中主要特征峰对应结合能的不同，将所研究的氮气流量范围分为两段：氮气流量在 8～16sccm 为区域 1，氮气流量在 20～32sccm 为区域 2。

对于氮气流量在区域 1 内的涂层，Ti 2p 光电子图谱中最主要双峰对应的结合能分别为 454.2eV 和 460.3eV，这与金属钛的特征谱线位置吻合，表明在该氮气流量范围内，涂层中 Ti 元素的主要以金属钛的形式存在。对于氮气流量在区域 2 内的涂层，Ti 2p 光电子图谱中的最主要双峰对应的结合能分别为 454.8eV 和 460.7eV，这与金属氮化物 TiN 的特征谱线位置相吻合，表明在该氮气流量范围内，涂层中 Ti 元素的化学形态主要以 TiN 的形式存在。

为了进一步分析两种氮气流量范围下涂层中 Ti 元素的化学形态，分别对各涂层的 Ti 2p 光电子图谱进行分峰和拟合。图 4.21 为经 Ar⁺溅射后各涂层 Ti 2p 光电子图谱的分峰和拟合结果。如图 4.21(a)所示，对于氮气流量为 8 sccm 的涂层，其 Ti 2p 光电子图谱可以分为四组双峰对，通过与金属钛和金属氮化物的元素特征谱线位置对比，发现在该涂层中，包括了金属钛($2p_{3/2}$ 454.2eV 和 $2p_{1/2}$ 460.3eV)、金属氮化物 TiN ($2p_{3/2}$ 455.2eV 和 $2p_{1/2}$ 461.2eV)、金属氮氧化物 TiON($2p_{3/2}$ 456.4eV 和 $2p_{1/2}$ 462.1eV)和金属氧化物 TiO₂($2p_{3/2}$ 458.6eV 和 $2p_{1/2}$ 464.3eV)。值得一提的是，其中金属钛的双峰积分面积明显比其他组分积分面积之和更大，表明对于氮气流

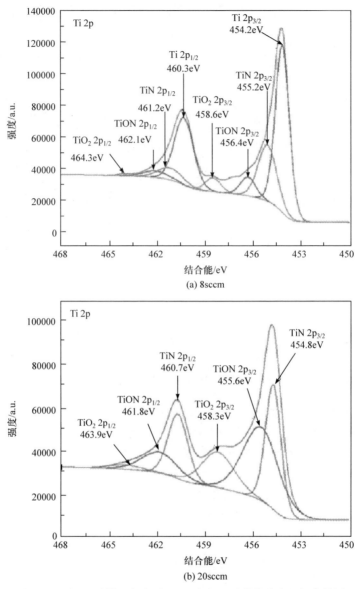

图 4.21　经 Ar$^+$溅射后各涂层 Ti 2p 光电子图谱的分峰和拟合结果

量不超过 16sccm 的 TiN 涂层，大多数 Ti 元素是以金属钛的形式存在于涂层中，并占据主要地位。随着氮气流量增加到 20sccm，如图 4.21(b)所示，在涂层的 Ti 2p 光电子图谱中只含有三组双峰对，通过与元素特征谱线位置对比，发现在该涂层中，已没有金属钛，而主要由金属氮化物 TiN($2p_{3/2}$ 454.8eV 和 $2p_{1/2}$ 460.7eV)，金属氮氧化物 TiON($2p_{3/2}$ 455.6eV 和 $2p_{1/2}$ 461.8eV)和金属氧化物 TiO$_2$($2p_{3/2}$ 458.3eV

和 2p1/2 463.9eV)组成。由此可推断，随着氮气流量的增加，涂层中金属钛的含量逐渐降低，直至消失。相反地，TiN 的比例不断增加，并最终成为涂层中的主要化学形态，这与 X 射线衍射测试结果基本一致。

　　为了比较不同氮气流量下，涂层的表面抗氧化性能，分别研究了各 TiN 涂层原始表面的 Ti 元素化学形态。各涂层原始表面的 Ti 2p 光电子图谱如图 4.22 所示，与经过 360s Ar⁺溅射后各涂层的 Ti 2p 光电子图谱相似，根据涂层原始表面的 Ti 2p 光电子图谱形态，仍可将研究的氮气流量范围分为两段：氮气流量在 8～16sccm 为区域 1，氮气流量在 20～32sccm 为区域 2。但是，由于空气中氧元素与金属钛和金属氮化物结合，涂层原始表面的 Ti 2p 光电子图谱与经过 360s Ar⁺溅射后各涂层的 Ti 2p 光电子图谱又有明显区别。由图 4.22 可知，在涂层原始表面的 Ti 2p 光电子图谱中，总共有 4 组双峰对，其中结合能较低的 1 号和 2 号双峰对分别对应于金属 Ti 和金属氮化物 TiN，而在结合能较高的位置，还有两组双峰对，3 号和 4 号分别对应于金属氮氧化物 TiON 和金属氧化物 TiO₂。各涂层原始表面 Ti 2p 光电子图谱的分峰和拟合结果如图 4.23 所示。对于氮气流量为 8sccm 的涂层表面，虽然仍有四组双峰对存在于 Ti 2p 光电子图谱中，但是与经过 360s Ar⁺溅射后各

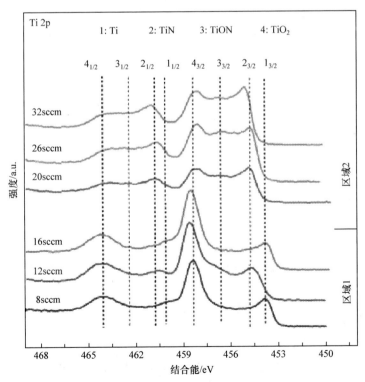

图 4.22　各涂层原始表面的 Ti 2p 光电子图谱

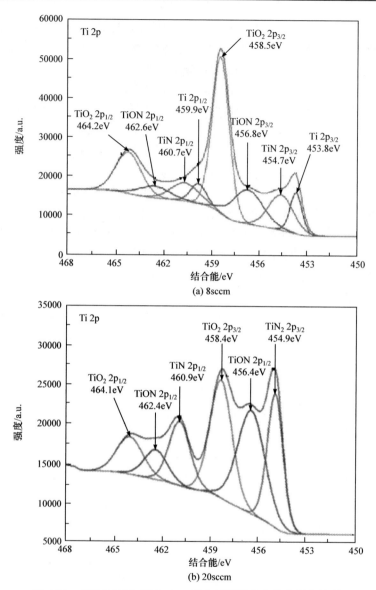

图 4.23　各涂层原始表面 Ti 2p 光电子图谱的分峰和拟合结果

涂层的 Ti 2p 光电子图谱不同的是，金属氧化物 TiO₂ 成为涂层表面的最主要组成成分，而不再是金属 Ti。这与 X 射线衍射测试结果一致。该结果表明对于氮气流量不超过 16sccm 的 TiN 涂层，由于严重缺乏氮原子，沉积的钛原子容易与空气中的氧原子发生反应，涂层表面发生严重的氧化。相比之下，对于氮气流量为 20sccm 的 TiN 涂层[图 4.23(b)]，虽然涂层表面的 TiO₂ 的含量高于 Ar⁺溅射后的涂层，但 TiN 成分在涂层表面仍然占据主要地位，说明当氮气流量大于 20sccm 时，TiN 涂层具有更好的抗氧化性能。

由上述测试结果可以推断，当氮气流量不超过 16sccm 时，涂层中的 O 原子太少，无法与所有 Ti 原子发生反应，导致剩余的 Ti 原子与环境中的 O 原子发生反应，造成涂层表面的严重氧化。随着氮气流量增加到 20sccm，甚至更多时，涂层中几乎不再含有金属 Ti 成分，而 TiN 含量的不断增加使得涂层具有更好的抗氧化性能。试验结果表明，适当的氮气流量有利于生成稳定的、化学计量的 TiN 成分，从而提高涂层的抗氧化性能。

4.4.2　氮气流量对涂层力学性能的影响

采用配置为 Berkovich 型金刚石压头的纳米压痕仪(Nano Indenter G200)，选用连续刚度法测量涂层的纳米硬度与弹性模量。为减少基体对测试结果的影响，压入深度限定在涂层总厚度的 10%以内。此外，为减小测量结果的随机误差，随机选取多点位(≥10)进行测量，其平均值可作为涂层的纳米硬度 H 和弹性模量值 E。图 4.24 为不同氮气流量下涂层的纳米硬度和弹性模量。随着氮气流量的增加，涂层的纳米硬度 H 和弹性模量 E 整体均呈现逐渐增加的趋势，表明氮气流量对涂层的力学性能有显著的影响。对于氮气流量为 8sccm 的涂层，H 和 E 远小于氮气流量为 12～32sccm 的涂层。这可能是氮气流量为 8sccm 时，涂层中的 TiN 相含量较低所致。随着氮气流量增加到 12sccm 和 16sccm，涂层中逐渐产生了更多的 TiN 相，涂层的

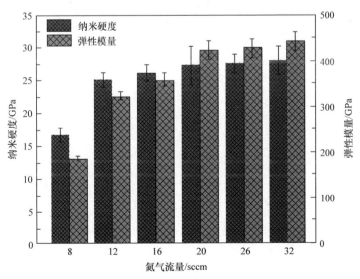

图 4.24　不同氮气流量下涂层的纳米硬度和弹性模量

H 和 E 都显著增加。此外，在氮气流量为 20sccm、26sccm 和 32sccm 时，由于涂层中纯 Ti 相的消失以及 Ti_2N 相的生成，其力学性能明显优于低氮气流量下沉积的涂层。

采用掠入射 X 射线衍射方式，并基于 $\sin^2\psi$ 方法测试计算了各 TiN 涂层的残余应力。选择 TiN(220)晶面作为评价所有涂层残余应力的衍射面，掠入射角度设定为 2°，并设定 0°、15°、25°、30°、35°、40°和 45°7 个倾角进行残余应力测试。图 4.25 是氮气流量为 20sccm 的 TiN 涂层的线性拟合，良好的线性拟合结果表明所测涂层残余应力的可靠性。TiN 涂层的残余应力随氮气流量的变化如图 4.26 所示。由于涂层沉积过程中原子的轰击效应，不同氮气流量下沉积的 TiN 涂层内均存在残余应力。随着氮气流量的增加，残余应力的绝对值先减小后增大。当氮气流量为 20sccm 时，TiN 涂层具有最低的残余应力–2.15GPa，这可能与涂层中晶体的择优取向有关。由于 TiN(111)具有最低的应变能，而且氮气流量为 20sccm 的涂层择优取向为 TiN(111)，如图 4.19 所示。因此，氮气流量为 20sccm 的 TiN 涂层具有最小的残余应力。相反地，氮气流量为 32sccm 的 TiN 涂层具有最大的残余应力，约为–5.56GPa。由于高残余应力的作用，涂层表面出现大量液滴缺陷脱落而形成的空穴，表面质量最差，如图 4.17 所示。

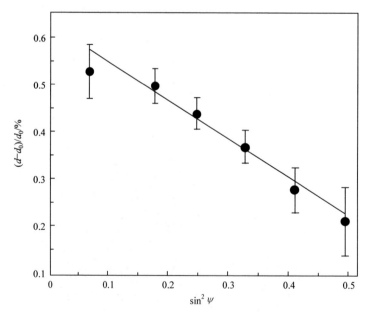

图 4.25　氮气流量为 20sccm 的 TiN 涂层的线性拟合

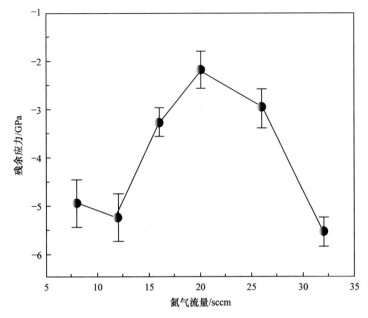

图 4.26　TiN 涂层的残余应力随氮气流量的变化

4.4.3　氮气流量对涂层抗冲蚀性能的影响

为了研究氮气流量对 TiN 涂层抗冲蚀性能的影响，采用不同氮气流量制备的 TiN/Ti 多层涂层进行冲蚀试验，冲蚀角度为 90°。

控制冲蚀角度、冲蚀速度和冲蚀时间相同，计算各 TiN 样品的质量损失。不同氮气流量下 TiN 涂层的平均质量损失率如图 4.27 所示。在区域Ⅰ(8～16sccm) 的氮气流量下，TiN 涂层的平均质量损失率分别是 0.06mg/g、0.059mg/g 和 0.058mg/g。这些高质量损失率可能是涂层中 TiN 相的含量较少、硬度相对较低以及残余应力较高导致的。当氮气流量增加到 20sccm 时(区域Ⅱ)，涂层的平均质量损失率从 0.058mg/g 骤降至 0.034mg/g，平均质量损失率显著降低的原因可能是该涂层具有最低的残余应力、光洁致密的表面质量和良好的力学性能。同样，氮气流量为 26sccm 时，TiN 涂层的平均质量损失率也较低，约为 0.036mg/g。然而，当氮气流量增加到 32sccm 时，虽然涂层具有最高的纳米硬度和弹性模量，但其平均质量损失率却明显高于氮气流量为 20sccm 和 26sccm 时的涂层，约为 0.046mg/g。经分析，这可能是由于该氮气流量下制备的 TiN 涂层具有最大的残余应力和最多的表面缺陷。

由于冲蚀角度为 90°，速度为 130m/s，且涂层的冲蚀形貌中心对称，使用非球面轮廓仪测量沿着所有冲蚀坑中心的截面轮廓。不同氮气流量下 TiN 涂层的冲

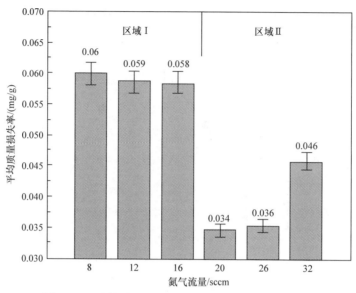

图 4.27　不同氮气流量下 TiN 涂层的平均质量损失率

蚀形貌中心截面轮廓如图 4.28 所示。从图中可以观察到，所有涂层的冲蚀深度均小于 4.5μm，小于涂层总厚度，表明所有的冲蚀试验结果均反映的是 TiN 涂层，而非基体。通过对冲蚀截面轮廓进行积分计算，得到了所有冲痕沿冲蚀中心的截面轮廓面积。TiN 涂层冲蚀轮廓的截面面积随氮气流量的变化如图 4.29 所示。涂层

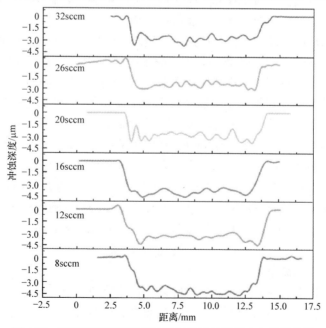

图 4.28　不同氮气流量下 TiN 涂层的冲蚀形貌中心截面轮廓

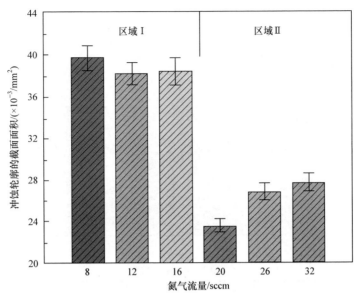

图 4.29 TiN 涂层冲蚀轮廓的截面面积随氮气流量的变化

冲蚀轮廓的截面面积随氮气流量的变化趋势与质量损失率的结果基本一致,表明在氮气流量为 20sccm 时沉积的 TiN 涂层具有最优抗冲蚀性能。

4.5 温度对抗冲蚀涂层性能的影响

传统的冲蚀考核主要关注室温下涂层的冲蚀损伤,对于航空发动机压气机,中间级和后几级叶片面临工作温度升高引起的高温冲蚀问题,需要考虑温度对防护涂层力学及抗冲蚀性能的影响。

本节研究温度对 TiN 涂层力学性能的影响,使用纳米压痕仪对涂层进行不同温度下的压入测试,温度分别为 35℃、200℃、350℃和 500℃,每组温度重复10 次。从图 4.30(a)中可以看出,随着温度的升高,涂层的纳米硬度呈现明显下降的趋势,而弹性模量变化较小,因此对应的 H^3/E^2 值下降十分明显[图 4.30(b)]。以上结果表明,TiN 涂层在高温环境下力学性能下降明显,硬度和抗塑性变形能力都显著降低。

4.3 节中讨论了梯度偏压制备的涂层结构优势,本节进一步探讨温度对梯度偏压制备的 TiAlN 涂层稳定性的影响。将不带涂层的 TC4 钛合金和带有 TiAlN 涂层的试样置于 400℃高温炉中总计 152h,期间取出若干次,降至常温后采用电子天平对样品进行称重,重复测试五次取平均值以降低误差。记录试样质量随时间的

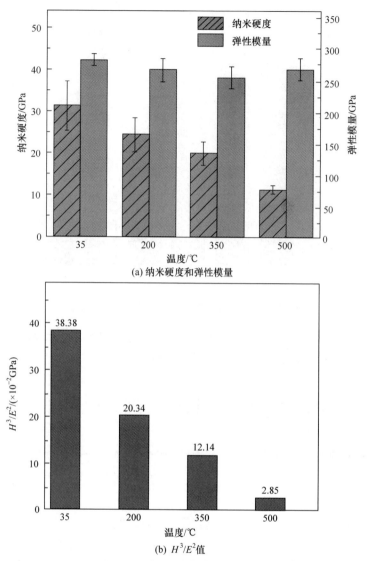

(a) 纳米硬度和弹性模量

(b) H^3/E^2值

图 4.30　不同环境温度下 TiN 涂层纳米压痕结果

变化规律，每组试验重复三次，取平均值。试验结束后，采用扫描电子显微镜、能谱仪和 X 射线衍射图谱对试件的表面形貌、元素及物相结构进行分析。

　　图 4.31 为 TC4 钛合金和 TiAlN 涂层氧化前后的表面宏观形貌。图中从左至右分别为 TC4、梯度偏压和偏压–50V(bias-50)TiAlN 涂层。未发生氧化时，钛合金表面为银色，且具有光泽，两种 TiAlN 涂层表面均为深灰色，光洁度较高。经400℃氧化后，TC4 钛合金表面变为蓝紫色，这是由于在高温下，钛合金与氧发生作用，在表面形成 TiO_2 层，光线遇到 TiO_2 层发生反射和透射，透射的光线遇

基体反射后与之前反射的光线叠加,颜色发生变化。梯度偏压涂层表面颜色稍有加深,但变化较小,且保持完整平滑,表现出较强的抗氧化性能。bias-50 涂层表面变为墨绿色,并伴有局部黑色斑点,抗氧化性能弱于梯度偏压涂层。

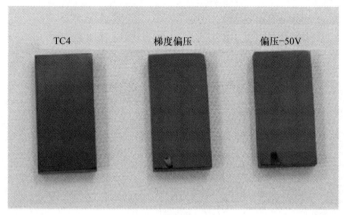

(a) 氧化前

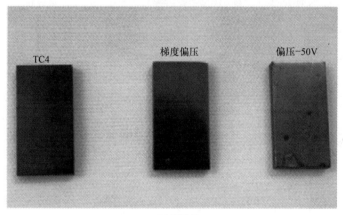

(b) 氧化后

图 4.31　TC4 钛合金和 TiAlN 涂层氧化前后的表面宏观形貌

图 4.32 为 TC4 钛合金和 TiAlN 涂层氧化后表面微观形貌及氧元素分布。可以看出,TC4 钛合金和梯度偏压涂层试件表面均比较完整,无明显损伤;bias-50 涂层表面存在部分孔穴。EDS 结果表明,氧化后 TC4 钛合金表面氧原子分数为 35.2%,梯度偏压和 bias-50 涂层分别为 20.9% 和 33.2%,梯度偏压涂层具有最优的抗氧化性。

图 4.33 为三种试件在 400℃ 高温炉中氧化后的质量增加结果,质量分别增加为 $1.67 \times 10^{-3} mg/mm^2$、$1.0 \times 10^{-3} mg/mm^2$ 和 $0.81 \times 10^{-3} mg/mm^2$,均处于极低水平,表明在 400℃ 下各涂层均具有很强的抗氧化性能,其中梯度偏压涂层增重最低,抗

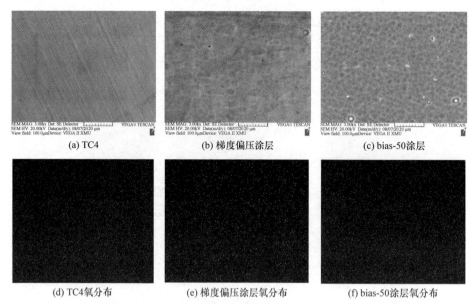

(a) TC4　　　　　　　(b) 梯度偏压涂层　　　　　　　(c) bias-50涂层

(d) TC4氧分布　　　　(e) 梯度偏压涂层氧分布　　　　(f) bias-50涂层氧分布

图 4.32　TC4 钛合金和 TiAlN 涂层氧化后表面微观形貌及氧元素分布(后附彩图)

氧化性能最优,这与 EDS 结果一致。TiAlN 层中 Al 可以促进 Ti 原子的价电子态趋于稳定,降低其反应活性。此外,涂层中 Al 元素含量更高,易形成致密的 Al_2O_3 层,阻止氧元素进一步吸附,因而涂层表面的氧含量低于 TC4 钛合金,抗氧化性能相对于 TC4 钛合金有所提高。综上可知,梯度偏压涂层具有优异的抗氧化性能,400℃条件下结构性能稳定。

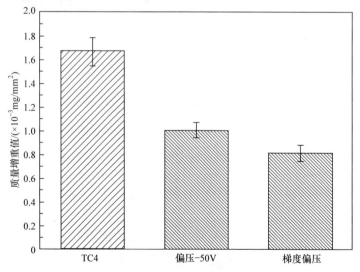

图 4.33　三种试件在 400℃高温炉中氧化后的质量增加结果

4.6 抗冲蚀涂层的清洗与再制造

在实际使用过程中，抗冲蚀陶瓷涂层不可避免出现局部损伤并脱落的现象，失去其表面完整性[38-43]。因此，损坏的抗冲蚀涂层需要被去除并重新制备，以实现涂层功能的恢复。然而，由于陶瓷涂层的高硬度和与基体之间的强结合力，喷砂等物理方法很难获得令人满意的效果[44-46]。激光清洗技术是利用涂层和基体金属之间的热膨胀差异以及涂层和基体之间的熔点差异将陶瓷涂层从基体上剥离的技术[47-51]，具有环保、清洁效果好、适用范围广和清洁精度高的特点，被广泛应用于工业生产的各个领域[52,53]。例如，Ragusich 等[54]为了剥离航空钛合金零件表面上 20μm 厚的 TiAlN 耐腐蚀涂层，对 Ti6Al4V 基板上的 TiAlN 涂层进行激光清洗；Kumar 等[55]使用脉冲宽度为 50ns 的脉冲光纤激光器清洁外径为 9.5mm 的 Ti3Al2.5V 表面的氧化膜和污垢。

4.6.1 激光清洗的基本原理

激光清洗的基本原理主要有热膨胀、气化、烧蚀和相爆炸等[56-58]，其主要过程为激光直接作用在需清洗的涂层表面(可在空气、惰性气体环境和真空环境下进行)，当激光直接辐照在材料表面时，基体 Ti6Al4V 与 TiN 涂层均发生热膨胀。随着激光辐照时间的延长，材料表面的温度将逐渐升高，此时会出现以下几种情况：当温度低于涂层的熔化阈值时，仅发生涂层和基体的物理变化。由于涂层和基体之间的热膨胀系数不同，在涂层和基体之间的界面处产生压力，并且涂层发生弯曲和开裂，产生机械断裂现象[59]。当温度高于基体的熔化温度而低于涂层的熔化温度时，涂层仅受激光清洁过程中产生的力的影响，基体将熔化[60]。当温度高于基体和涂层的熔化温度时，涂层和基体不仅会受到清洁力的影响，而且基体和涂层都会熔化，这将对试样表面产生较大的影响[61]。激光清洗原理如图 4.34 所示。

4.6.2 抗冲蚀涂层的激光清洗工艺

激光清洗设备的核心部件为 Nd-YAG 激光发生器。脉冲式的 Nd-YAG 激光清洗的过程依赖激光器产生光脉冲的特性，基于由高强度的光束、短脉冲激光和污染层之间的相互作用产生的光物理反应。当激光对试样表面进行清洗时，光斑搭接率将会对试样表面的激光清洗产生影响。图 4.35 为单行激光搭接示意图。由于激光光斑形状为圆形，在光斑搭接时，单行光斑之间留有孔隙，若激光光斑排布

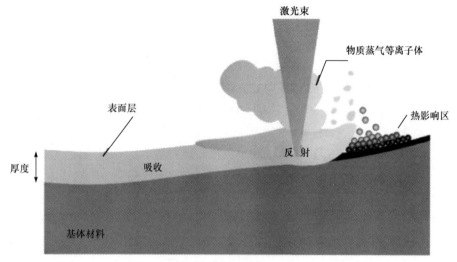

图 4.34　激光清洗原理

较稀疏，即重叠率较小时，无法将试样表面的涂层完全清洗。当光斑排布过于密集时，在光斑重叠的部分，相当于试样表面进行了重复清洗，导致试样表面清洗不均匀。相对未搭接区域，搭接区域经过激光清洗后涂层总厚度会相对较小。同时，当激光清洗使涂层厚度减小到激光即将接触到基体时，在搭接区域，激光可能会对基体产生作用，而未搭接区域则无作用。

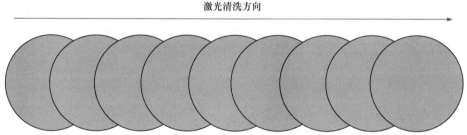

图 4.35　单行激光搭接示意图

在对试样表面的涂层进行清洗时，还需考虑多行激光搭接的情况。图 4.36 为两行激光搭接示意图。多行激光进行搭接后，当激光排布较稀疏时，光斑之间会出现孔隙导致该部分的涂层无法得到清洗。因此假设激光光斑直径为 d，在进行激光搭接时须保证 $S_3 \leqslant d$。同时，为了保证试样表面各部分被激光覆盖的均匀性，须保证 S_1 等于 S_2。综上，只有当 $S_3 \leqslant d$，且 $S_1 = S_2 \leqslant 0.707d$ 时，才能保证试样表面被激光全覆盖清洗，同时也保证了试样表面激光覆盖的均匀性。

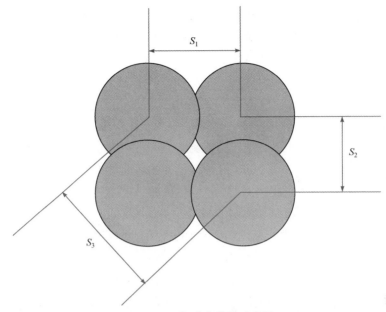

图 4.36　两行激光搭接示意图

单束激光的激光能量分布呈高斯分布的状态，而激光对涂层进行清洗时，对涂层的去除深度主要受激光的光斑直径和激光能量影响，因此涂层的清洗深度也符合高斯分布。图 4.37 为光斑横向排列分布示意图。由图 4.37 可知，当光斑之间的间距 $2x<d$(d 为光斑直径)时，试样表面会出现三束光斑共同作用的区域。同时，在两束光斑相交的区域，相较于光斑中心，激光产生的能量对其作用的程度相差非常明显，因此在对激光光斑重叠率进行筛选的同时，还应对激光功率进行筛选。

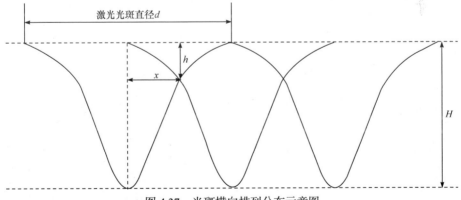

图 4.37　光斑横向排列分布示意图

对于激光清洗试验，需探究不同类型的参数对清洗效果的直接影响。通过采用控制变量法对激光光斑重叠率、激光功率和激光频率进行控制，从而实现不同参数条件下的涂层激光清洗试验。

通过 PVD 方法在 Ti6Al4V 基板上沉积 TiN 涂层，进行不同激光参数和清洗参数条件下的清洗试验。TiN 涂层激光清洗后的表面形貌图如图 4.38 所示。图 4.38(a)为放大 500 倍后试样 1 的表面形貌图。图中的光斑轮廓清晰，且可以明显看出沿光斑轮廓分布的物质成分与光斑内部不一致。同时，试样 1 表面有凹坑缺陷。图 4.38(b)为放大 2000 倍后试样 1 的表面形貌图。可以看到，试样 1 表面呈现出的裂纹尺度变大，同时凹坑缺陷也更加明显且在试样 1 表面的分布增多，在试样 1 表面上，激光光斑扫过留下的痕迹也更加明显且分布规则。图 4.38(c)为放大 500 倍后的试样 2 的表面形貌图。从图中可看出，试样表面仍然保留了较明显的光斑轮廓，但这些痕迹与图 4.38(a)相比，分布更加杂乱、不规则，痕迹的边缘部分有溅射状的分支。对图 4.38(c)中选定的部分放大 2000 倍得到图 4.38(d)，从图 4.38(d)

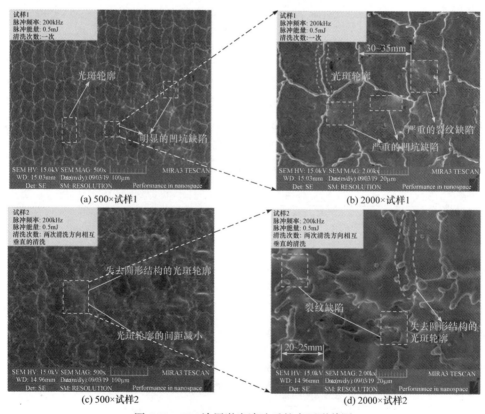

图 4.38　TiN 涂层激光清洗后的表面形貌图

中可看出，试样表面的裂纹缺陷减少，凹坑缺陷也明显减少。但是，光斑轮廓的溅射状分支更加明显，且分布极不规则。由于试样 2 经过了 X、Y 两个方向的清洗，与试样 1 表面相比，试样 2 表面的光斑轮廓之间的距离更小。

图 4.39 为试样的基体与涂层结合界面的截面形貌图。其中，图 4.39(a)为激光清洗前的截面图。从图中可以清楚地看到试样截面处涂层与基体的分界线，在涂层与基体交界的区域无明显空隙和裂纹等缺陷，二者结合较为致密，同时也可以测量出涂层厚度大约为 5μm。

图 4.39(b)是试样 1 激光清洗后的截面图。从图中可以看到在涂层与基体的结合处产生了缝隙并且伴有涂层翘曲，同时涂层表面出现了裂纹。清洗后与清洗前相比，涂层的厚度分布开始呈现不均匀分布的现象，基体与涂层之间出现了较为

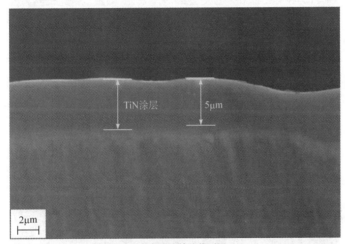

(a) 激光清洗前的截面图

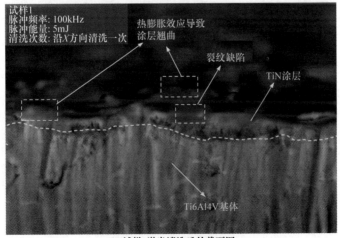

(b) 试样1激光清洗后的截面图

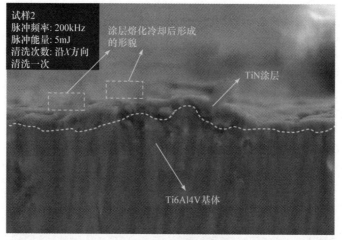

(c) 试样2激光清洗后的截面图

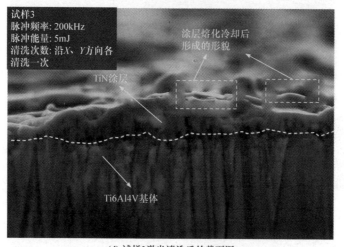

(d) 试样3激光清洗后的截面图

图 4.39　试样的基体与涂层结合界面的截面形貌图

明显的空隙。从图中可以看到，涂层表面较清洗前变得更加粗糙，这是由于在低脉冲频率的激光作用下，涂层与基体在受到激光加热时，热膨胀性能的差异使两者的膨胀程度不同，涂层发生翘曲并从基体上分离，同时由于激光能量的非线性分布，涂层表面呈现出不均匀性，从而涂层厚度分布不均匀且涂层表面粗糙度增大。

　　图 4.39(c)是试样 2 激光清洗后的截面图。图中试样表面变得更加粗糙，并且有球状的凸起部分，与试样 1 相比，试样 2 的涂层厚度有明显的减小。与图 4.39(a)相比，图 4.39(c)中在基体与涂层分离的部分，基体形貌十分不规则，伴有凸起和

凹坑。与图 4.39(b)相比，涂层与基体分界线处的缺陷从大尺度的缝隙变为圆形的空隙。发生这种现象的原因是，在涂层与基体因热膨胀发生分离后，激光脉冲频率从 100kHz 增加到 200kHz，试样在相同时间内收到更多激光传递的热量。此时，由于 Ti6Al4V 基体的熔点低于 TiN 涂层，基体比涂层先发生熔化。清洗后经过冷却，基体从熔融态恢复为固态，但由于涂层的热膨胀，涂层下方的基体分布十分不规则。

图 4.39(d)为试样 3 激光清洗后的截面图。当激光从 X、Y 两个方向对试样进行清洗时，试样接收到更多激光传递的热量，从图中可以看出，涂层表面的粗糙度进一步增加，球状的凸起部分逐渐增多。并且在涂层与基体结合的界面处，涂层与基体的分离更加明显。涂层厚度也非常不均匀(部分区域只有 1μm 左右，较厚的区域可达到 3μm)。当试样接收的热量更多时，涂层与基体均发生熔化，由于热膨胀效应的存在，冷却后的涂层厚度分布不均匀。

为了探究图 4.38 中沿光斑轮廓边缘分布的物质成分与光斑内部物质成分的区别，使用能谱仪对试样表面元素含量及其分布进行测定。试样以 Ti6Al4V 为基体、TiN 为涂层，因此探究涂层的清洗状况时，只需观察 N 元素的含量及分布。

图 4.40 表示试样表面选定区域内的 N 元素分布情况。如图 4.40(a)所示，试样 1 表面仍分布有大量的 N 元素，并且其分布并无空隙。图 4.40(b)中，试样表面

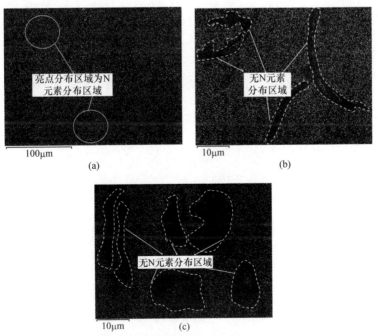

图 4.40　试样表面选定区域内的 N 元素分布情况(后附彩图)

虽然分布有大量的 N 元素，但图中出现了一些空隙，且这些空隙的形状、分布与光斑轮廓的痕迹大致保持一致。图 4.40(c)中，这些空隙的面积和数量都增加了，且其分布不再与光斑轮廓痕迹保持一致。

　　表 4.2 是激光清洗后样品中表面 N 元素表现密度与质量分数，图 4.41 是激光清洗后试样表面的能谱图。从表 4.2 和图 4.41 可以看出，从试样 1 到试样 3，N 元素含量逐渐降低。结合图 4.38 中试样的表面形态和图 4.40 中试样表面上 N 元素的分布情况，可以得出，图 4.38 中光斑轮廓内的材料是残留的 TiN 涂层，沿光斑轮廓分布的材料是 Ti6Al4V 基体。

表 4.2　激光清洗后样品中表面 N 元素表现密度与质量分数

参数	试样 1	试样 2	试样 3
表观密度/%	23.96	21.37	8.22
质量分数/%	38.84	36.38	18.35

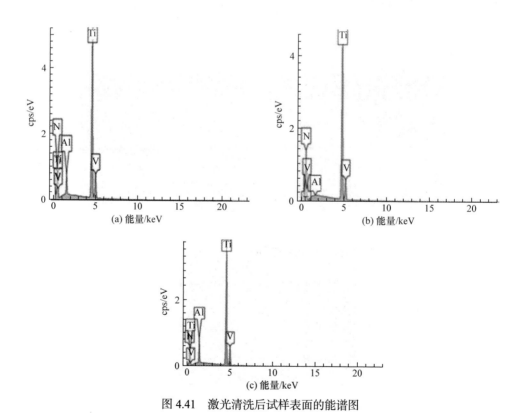

图 4.41　激光清洗后试样表面的能谱图

为了更好地观察试样清洗后的表面形貌，以及判断沿光斑轮廓分布的物质成分与光斑内部物质成分的区别，可在试样光镜下观察其表面形貌。图 4.42 为金相显微镜下激光清洗后试样表面形貌图。图 4.42(a)为试样 1 表面放大 560 倍的结果。试样表面铺满金黄色的物质，同时试样表面平整度较差并伴有明显的裂纹和凹坑缺陷。图 4.42(b)为试样 2 表面放大 560 倍的结果。试样表面出现了被金黄色物质包围的黑色物质，同时裂纹和凹坑缺陷更加明显。图 4.42(c)为试样 3 表面放大 560 倍的结果。试样表面有大量黑色的物质裸露出来，表面的平整程度较差，同时金黄色物质分布在黑色物质之间的凹陷内。

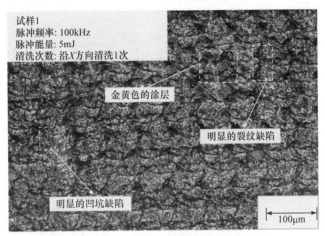

(a) 560×试样1

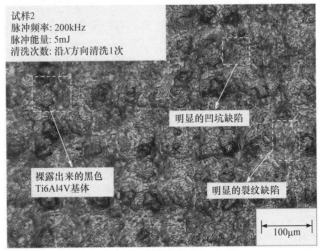

(b) 560×试样2

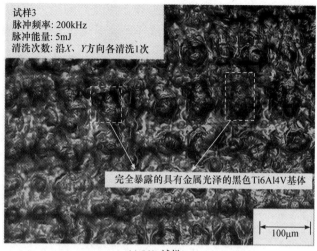

(c) 560×试样3

图 4.42　金相显微镜下激光清洗后试样表面形貌图

结合图 4.40 和表 4.2,可以得出结论:图 4.42 中试样表面的金黄色物质为 TiN,黑色物质为 Ti6Al4V 基体。结合图 4.38(b)和图 4.42(a)可看出，涂层并未被去除，只在涂层表面产生了大面积的裂纹和少许凹坑缺陷，Ti6Al4V 基体也并没有暴露出来。但随着激光能量的增加，在图 4.38(d)和图 4.42(b)中可看出，涂层的裂纹和凹坑缺陷增加了，有少量的 Ti6Al4V 基体暴露出来，但大部分的涂层仍未被清洗掉。在图 4.42(b)中，Ti6Al4V 基体暴露出来的同时，失去了原本平整的形貌，呈现出点状凸起。原因是试样 1 在进行激光清洗时，激光能量较低，涂层与基体只发生了热膨胀现象，热膨胀导致涂层开裂并且在试样最表面部分少许 TiN 物质剥落而产生凹坑缺陷。激光能量增加后，由于 TiN 的熔点高于 Ti6Al4V，基体先于涂层发生熔化。同时，涂层表面的裂纹也逐渐增多，凹坑的尺度也逐渐增大，熔融状的 Ti6Al4V 从凹坑和裂纹中渗出,在清洗结束后的冷却过程中形成了如图 4.42(c)所示的形貌。

4.6.3　再制造涂层抗冲蚀性能研究

对激光清洗后的试样进行 TiN 涂层再制备前，采用 ARX220 表面粗糙度仪对激光清洗后试样表面的粗糙度进行测量与分析，激光清洗后试样表面的粗糙度如表 4.3 所示。

对激光清洗后的试样进行涂层再制备时，同样需要对试样表面进行磨抛与喷砂处理。将镀 TiN 涂层的表面打磨到表面粗糙度 Ra 为 0.02。将处理之后的基体材料放入超声波清洗机，用丙酮清洗 15min，在沉积涂层前用酒精干燥。TiN 涂层的沉积参数如表 4.4 所示。

表 4.3　激光清洗后试样表面的粗糙度

次序	Ra	Rq	Rz
第一次测量	0.252	0.329	1.752
第二次测量	0.228	0.303	1.723
第三次测量	0.229	0.299	1.602
平均值	0.236	0.310	1.692

表 4.4　TiN 涂层的沉积参数

步骤	靶材	偏压	弧电流/A	沉积时间/min	氮气流量/sccm	温度/℃
离子注入	Ti(99.95%)	−10kV	—	40	—	400
过渡层	Ti(99.95%)	−250V	110	30	—	600
涂层沉积	Ti(99.95%)	−250V	110	30	35	600

图 4.43 为再制备 TiN 涂层的截面形貌图。从图 4.43(a)中可以看到经过多弧离子镀技术的沉积后，试样表面形成了厚度约为 20μm 的 TiN 涂层。并且从图中可以明显看到涂层与基体之间的分界线。由图 4.43(b)中还可以看到，涂层与基体之间存在较为明显的缝隙，产生缝隙的原因主要在于涂层沉积之前，基体表面存在

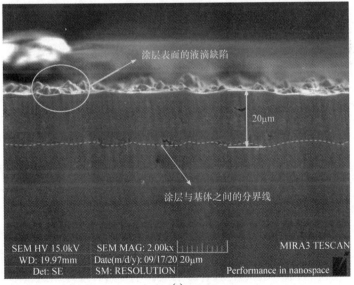

(a)

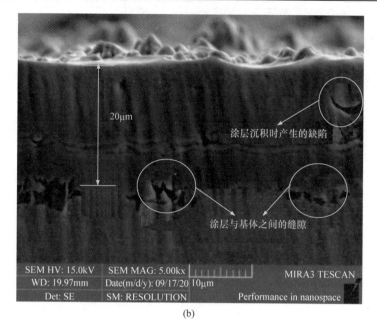

涂层沉积时产生的缺陷

涂层与基体之间的缝隙

图 4.43　再制备 TiN 涂层的截面形貌图

激光清洗后形成的凹坑和在喷砂过程中形成的新的凹坑，涂层在这些凹坑与凸起部分沉积时不能全面均匀地将凹坑全覆盖，从而在基体与涂层之间形成了这样的缝隙缺陷。同时可以在图中看到，涂层表面有凸起得像小山一样的颗粒状物质，这些物质是涂层沉积时形成的液滴缺陷。

采用冲蚀试验对激光清洗后再制造的涂层进行性能评估，冲蚀试验参数的选择包括 30°与 45°的冲蚀角，冲蚀速度选用 130m/s，沙尘浓度选取 5 级沙尘浓度（4001～10000mg/m³）。

进行冲蚀试验前，将试样放置在酒精中进行超声波清洗并采用分析天平对试样初始质量进行测量，测量三次取其平均值。对试样进行冲蚀试验时，每冲蚀 1min，将试样放置在酒精中进行超声波清洗，并采用分析天平对试样质量进行称重，测量三次取其平均值并得到冲蚀后试样与冲蚀前试样质量的差值，并使用金相显微镜对涂层的冲蚀损伤形貌进行观察。图 4.44 为冲蚀试验后 TiN 涂层质量损失与冲蚀时间的关系。

从图 4.44 中可以看到，当冲蚀时间小于 250s，在冲蚀角为 30°与 45°的沙尘冲蚀试验中，涂层质量损失均小于 0.001g，表现出较好的抗冲蚀性。冲蚀时间小于 250s 时，冲蚀造成的涂层质量损失主要是涂层在制备时，表面有液滴等缺陷，如图 4.43(a)所示。液滴缺陷的存在，影响局部结合力，导致涂层很容易剥落。因此，沙尘冲蚀时，这些缺陷周围的物质从试样表面剥落，造成冲蚀试验初始时的

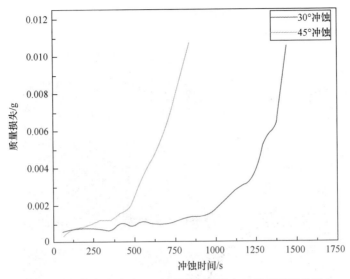

图 4.44 冲蚀试验后 TiN 涂层质量损失与冲蚀时间的关系

质量损失。当冲蚀时间在 250～500s 时，在冲蚀角为 45°冲蚀条件下，试样的抗冲蚀性开始减弱，质量损失逐渐增加，此时涂层开始剥落。在冲蚀角为 30°冲蚀条件下试样仍保持了较好的抗冲蚀性，质量损失仍小于 0.001g。当冲蚀时间超过 500s 后，试样在冲蚀角为 45°的冲蚀条件下，质量损失开始急剧增加，曲线斜率也陡升，因此可得结论：当冲蚀时间超过 500s 后，在冲蚀角为 45°的冲蚀条件下，试样涂层开始产生大面积的剥落，逐渐暴露出基体，涂层开始失效。然而在 30°冲蚀角的冲蚀条件下，试样的抗冲蚀性一直保持到了 900s，当冲蚀时间超过 900s 后，试样的质量损失才开始逐渐增加，此时涂层才开始失效。

图 4.45 为 TiN 涂层在 30°冲蚀角下的宏观冲蚀形貌图。由于 TiN 涂层呈现出金黄色，与 Ti6Al4V 基体的颜色存在明显差异，因此在观察宏观形貌时，可以通过观察试样表面区域的颜色区别，从而判断涂层经过冲蚀后的形貌变化，进而判断涂层受冲蚀损伤的变化。从图 4.45(a)中可以看到，涂层经过 420s 的冲蚀后，冲蚀核心区域试样表面的金黄色变淡并且在表面出现微小的缺陷与坑洞，产生这种形貌的主要原因是在冲蚀的起始阶段，沙尘颗粒将涂层制备过程中产生液滴缺陷的周围部分剥落下来。在图 4.45(b)中，当冲蚀时间达到 600s 后，冲蚀核心区域呈现出钛合金的金属色，而冲蚀区域的边缘部分则表现出淡金黄色，此时冲蚀核心区域的涂层开始剥落，而冲蚀区域的边缘部分还有 TiN 涂层对基体产生防护作用。当冲蚀时间达到 840s 后，从图 4.45(c)中可以观察到，试样冲蚀试验的核心区域出现大量的冲蚀坑，但其尺度相对较小。在冲蚀边缘区域，试样颜色呈现出银白色，此时边缘区域的涂层开始剥落，涂层在冲蚀区域的抗冲蚀性能开始失效。

在图 4.45(d)中，当冲蚀时间达到 1080s 时，冲蚀核心区域出现了大尺度的冲蚀坑并且在冲蚀边缘区域也出现了小尺度的缺陷和凹坑，从冲蚀坑可以明显观察到金属色的 Ti6Al4V 基体，此时涂层的抗冲蚀防护已经完全失效。

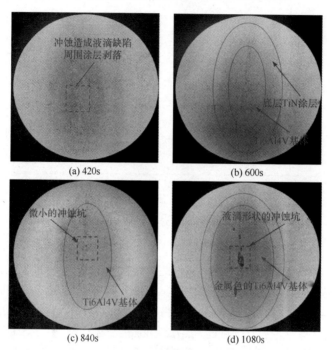

图 4.45　TiN 涂层在 30°冲蚀角下的宏观冲蚀形貌图(后附彩图)

图 4.46 为 TiN 涂层在 45°冲蚀角下的宏观冲蚀形貌图。从图中可以明显观察到，冲蚀角从 30°增大到 45°时，冲蚀影响的核心区域更加集中，形状更加趋向于圆形，30°时沙尘颗粒的作用面积更大，但是区域更加分散。图 4.46(a)中，当冲蚀时间达到 180s 时，冲蚀作用核心区域的材料颜色逐渐由金黄色变为钛合金金属色，而且在核心区域有少量的小尺度凹坑缺陷，但冲蚀边缘区域的材料颜色变化没有核心区域的程度深，并且缺陷也较少，表明冲蚀损伤并不严重。当冲蚀时间达到 240s 时，冲蚀作用核心区域的钛合金金属色逐渐变深，并且核心区域的凹坑缺陷逐渐增多，尺度也逐渐增大。但是在边缘区域，试样材料的颜色变化仍不明显，产生的缺陷也较少。当冲蚀时间达到 420s 时，试样冲蚀核心区域已经完全变为钛合金金属色，并且在冲蚀核心区域内出现了大尺度的冲蚀坑。冲蚀时间达到 540s 后，试样表面的大尺度坑出现，点状坑增多。这些冲蚀坑的形状与试样在 30°冲蚀时产生的冲蚀坑形状有明显区别。45°冲蚀时冲蚀坑的形貌则更接近于点状。这些冲蚀现象都与冲蚀角度变化引起的损伤机理变化相关。

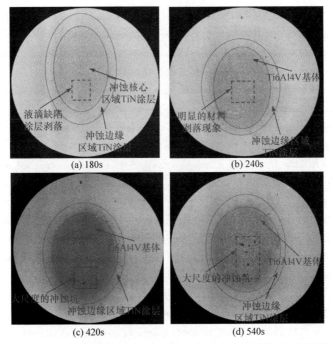

图 4.46　TiN 涂层在 45°冲蚀角下的宏观冲蚀形貌图(后附彩图)

参 考 文 献

[1] LIEBERMAN M A, LICHTENBERG A J. Principles of Plasma Discharges and Materials Processing [M]. State of New Jersey: John Wiley & Sons, 2005.

[2] WANG Q M, KIM K H. Effect of negative bias voltage on CrN films deposited by arc ion plating. Ⅱ. Film composition, structure, and properties [J]. Journal of Vacuum Science & Technology A, 2008, 26(5): 1258-1266.

[3] KLIMOVICH I M, KOMAROV F F, ZAIKOV V A, et al. Influence of parameters of reactive magnetron sputtering on tribomechanical properties of protective nanostructured Ti-Al-N coatings [J]. Journal of Friction and Wear, 2018, 39(2): 92-98.

[4] 毛绍宝, 张林, 张世宏. 基体偏压对 ZrN 涂层微观结构及力学性能的影响[J]. 真空科学与技术学报, 2017, 37(9): 916-922.

[5] ALFONSO J E, PACHECO F, CASTRO P A, et al. Influence of the substrate bias voltage on the crystallographic structure and mechanical properties of Ti6Al4V coatings deposited by rf-magnetron [J]. Physica Status Solidi, 2010, 2(10): 3786-3789.

[6] PELLEG J, ZEVIN L Z, LUNGO S, et al. Reactive-sputter-deposited TiN films on glass substrates [J]. Thin solid films, 1991, 197(1-2): 117-128.

[7] CHENG Y H, BROWNE T, HECKERMAN B, et al. Internal stresses in TiN/Ti multilayer coatings deposited by large area filtered arc deposition [J]. Journal of Applied Physics, 2008, 104(9): 147-153.

[8] LEYLAND A, MATTHEWS A. On the significance of the H/E ratio in wear control: A nanocomposite coating approach to optimised tribological behaviour [J]. Wear, 2000, 246(1): 1-11.

[9] HASSANI S, KLEMBERG J E, MARTINU L. Mechanical, tribological and erosion behaviour of super-elastic hard Ti-Si-C coatings prepared by PECVD [J]. Surface and Coatings Technology, 2010(5): 1426-1430.

[10] RECCO A, OLIVEIRAL I C , MASSI M, et al. Adhesion of reactive magnetron sputtered TiN_x and TiC_y coatings to AISI H13 tool steel[J]. Surface & Coatings Technology, 2007, 202(4-7): 1078-1083.

[11] CAI J M, CAO C X. Alloy design and application expectation of a new generation 600 high temperature titanium alloy [J]. Journal of Aeronautical Materials, 2014, 34(4): 27-36.

[12] CAI F, HUANG X, YANG Q. Mechanical properties, sliding wear and solid particle erosion behaviors of plasma enhanced magnetron sputtering CrSiCN coating systems [J]. Wear, 2015, 324: 27-35.

[13] WEI C, LIN J F, JIANG T H , et al. Tribological characteristics of titanium nitride and titanium carbonitride multilayer films: Part I . The effect of coating sequence on material and mechanical properties [J]. Thin Solid Films, 2001, 381(1): 94-103.

[14] BORAWSKI B , TODD J A , SINGH J , et al. The influence of ductile interlayer material on the particle erosion resistance of multilayered TiN based coatings [J]. Wear, 2011, 271(11-12): 2890-2898.

[15] CELOTTA D W, QURESHI U A, STEPANOV E V, et al. Sand erosion testing of novel compositions of hard ceramics [J]. Wear, 2007, 263(1-6): 278-283.

[16] GACHON Y , IENNY P , FORNER A , et al . Erosion by solid particles of W/W-N multilayer coatings obtained by PVD process [J]. Surface and Coatings Technology, 1999, 113(1-2): 140-148.

[17] FEUERSTEIN A , KLEYMAN A. Ti-N multilayer systems for compressor airfoil sand erosion protection [J]. Surface and Coatings Technology, 2009, 204(6-7): 1092-1096.

[18] BORAWSKI B , SINGH J, TODD J A, et al. Multi-layer coating design architecture for optimum particulate erosion resistance [J]. Wear, 2011, 271(11-12): 2782-2792.

[19] ALEGRIA J A , OCAMPO L M, SUAREZ F A ,et al. Erosion-corrosion wear of Cr/CrN multi-layer coating deposited on AISI-304 stainless steel using the unbalanced magnetron (UBM) sputtering system [J]. Wear, 2012, 290: 149-153.

[20] DOBRZANSKI L A , LUKASZKOWICZ K. Erosion resistance and tribological properties of coatings deposited by reactive magnetron sputtering method onto the brass substrate [J]. Journal of Materials Processing Technology, 2004, 157: 317-323.

[21] ZHANG S, BUI X L, FU Y, et al. Bias-graded deposition of diamond-like carbon for tribological applications [J]. Diamond and related materials, 2004, 13(4-8): 867-871.

[22] CAI J B , WANG X L, BAI W Q, et al. Bias-graded deposition and tribological properties of Ti-contained a-C gradient composite film on Ti6Al4V alloy [J]. Applied Surface Science, 2013, 279: 450-457.

[23] RAVEH A , WEISS M , PINKAS M , et al. Graded Al-AlN, TiN, and TiAlN multilayers deposited by radio-frequency reactive magnetron sputtering [J]. Surface and Coatings Technology, 1999, 114(2-3): 269-277.

[24] SHUM P W, LI K Y, SHEN Y G. Improvement of high-speed turning performance of Ti-Al-N coatings by using a pretreatment of high-energy ion implantation [J]. Surf Coat Technol, 2005, 198 (1-3): 414-419.

[25] CHEN J T , WANG J , ZHANG F ,et al. Characterization and temperature controlling property of TiAlN coatings deposited by reactive magnetron co-sputtering [J]. Journal of Alloys and Compounds, 2009, 472(1-2): 91-96.

[26] RIZZO A , MIRENGHI L , MASSARO M , et al. Improved properties of TiAlN coatings through the multilayer structure [J]. Surface and Coatings Technology, 2013, 235: 475-483.

[27] BERTOTI I. Characterization of nitride coatings by XPS [J]. Surface and Coatings Technology, 2002, 151: 194-203.

[28] JIN G , KIM M. Characteristics of excimer laser-annealed thin-film transistors on the polycrystalline silicon morphology formed in the single and double (overlap) scanned area [J]. Japanese Journal of Applied Physics, 2010, 49(4R): 301-304.

[29] WIESING M , DEL A T , GEBHARD M , et al. Analysis of dispersive interactions at polymer/TiAlN interfaces by means of dynamic force spectroscopy [J]. Physical Chemistry Chemical Physics, 2018, 20(1): 180-190.

[30] PFEILER M , KUTSCHEJ K , PENOY M, et al. The influence of bias voltage on structure and mechanical/tribological properties of arc evaporated Ti-Al-V-N coatings [J]. Surface and Coatings Technology, 2007, 202(4-7): 1050-1054.

[31] CHANG Y Y , CHENG C M , LIOU Y Y , et al. High temperature wettability of multicomponent CrAlSiN and TiAlSiN coatings by molten glass [J]. Surface and Coatings Technology, 2013, 231: 24-28.

[32] GONCZY S T , RANDALL N. An ASTM standard for quantitative scratch adhesion testing of thin, hard ceramic coatings [J]. International Journal of Applied Ceramic Technology, 2005, 2(5): 422-428.

[33] DENG J , WU F , LIAN Y , et al. Erosion wear of CrN, TiN, CrAlN, and TiAlN PVD nitride coatings [J]. International Journal of Refractory Metals and Hard Materials, 2012, 35: 10-16.

[34] KOVACIK V , BEKESOVA S , PATOPRSTY V , et al. Positive-ion fragmentation in matrix-assisted laser desorption/ionization tandem time-of-flight mass spectrometry of synthetic analogs of the O-specific polysaccharide of Vibrio cholerae O: 1 [J]. European Journal of Mass Spectrometry, 2006, 12(4): 247-252.

[35] YANG J , ROA J J, ODEN M , et al. Substrate surface finish effects on scratch resistance and failure mechanisms of TiN-coated hardmetals [J]. Surface and Coatings Technology, 2015, 265: 174-184.

[36] WANG H , YIN F , SHEN D X , et al. Predictive value of procalcitonin for excluding bloodstream infection: Results of a retrospective study and utility of a rapid, quantitative test for procalcitonin [J]. Journal of international medical research, 2013, 41(5): 1671-1681.

[37] ZHANG G P , GAO G J , WANG X Q , et al. Influence of pulsed substrate bias on the structure and properties of Ti-Al-N films deposited by cathodic vacuum arc [J]. Applied Surface Science, 2012, 258(19): 7274-7279.

[38] YANG Q , MCKELLAR R. Nanolayered CrAlTiN and multilayered CrAlTiN-AlTiN coatings for solid particle erosion protection [J]. Tribology International, 2015, 83: 12-20.

[39] TILLY G P. Erosion caused by airborne particles [J]. Wear, 1969, 14(1): 63-79.

[40] SULONNEN M S , KORHONEN A S. TiN-coatings deposited by triode ion plating on tools and dies [J]. CIRP Annals, 1986, 35(1): 133-136.

[41] TILLY G P . Erosion caused by impact of solid particles[J]. Treatise on Materials Science & Technology, 1979, 13: 287-319.

[42] RANDAWAH J. Technical note: A review of cathodic arc plasma deposition processes and their application [J]. Surface and Coatings Technology, 1987, 31(4): 303-318.

[43] DEMASI J T , GUPTA D K. Protective coatings in the gas turbine engine [J]. Surface and Coatings Technology, 1994, 68: 1-9.

[44] JUSTIN P , MEHER S K , RAO G R . Tuning of capacitance behavior of NiO using anionic, cationic, and nonionic surfactants by hydrothermal synthesis[J]. Journal of Physical Chemistry C, 2010, 114(11): 5203-5210.

[45] CHEN P J , ROSENFELDT E J , KULLMAN S W , et al. Biological assessments of a mixture of endocrine

disruptors at environmentally relevant concentrations in water following UV/H2O2 oxidation [J]. Science of the Total Environment, 2007, 376(1-3): 18-26.

[46] REIS A R , TABEI K , SAKAKIBARA Y. Oxidation mechanism and overall removal rates of endocrine disrupting chemicals by aquatic plants [J]. Journal of Hazardous Materials, 2014, 265: 79-88.

[47] LU Y F , SONG W D , LOW T S. Laser cleaning of micro-particles from a solid surface—Theory and applications [J]. Materials Chemistry and Physics, 1998, 54(1-3): 181-185.

[48] TAM A C , LEUNG W P, ZAPKA W , et al. Laser-cleaning techniques for removal of surface particulates [J]. Journal of Applied Physics, 1992, 71(7): 3515-3523.

[49] OLTRA R , YAVAS O , CRUZ F , et al. Modelling and diagnostic of pulsed laser cleaning of oxidized metallic surfaces [J]. Applied Surface Science, 1996, 96: 484-490.

[50] ZAPKA W , ZIEMLICH W , TAM A C. Efficient pulsed laser removal of 0.2 μm sized particles from a solid surface [J]. Applied Physics Letters, 1991, 58(20): 2217-2219.

[51] ZHOU X , IMASAKI K , FURUKAWA H , et al . A study of the surface products on zinc-coated steel during laser ablation cleaning [J]. Surface and Coatings Technology, 2001, 137(2-3): 170-174.

[52] WANG Z , ZENG X , HUANG W. Parameters and surface performance of laser removal of rust layer on A3 steel [J]. Surface and Coatings Technology, 2003, 166(1): 10-16.

[53] CHEN X , FENG Z M. Effectiveness of laser cleaning for grinding wheel loading [J]. Key Engineering Materials, 2003, 238: 289-294.

[54] RAGUSICH A, TAILLON G , MEUNIER M , et al. Selective pulsed laser stripping of TiAlN erosion-resistant coatings: Effect of wavelength and pulse duration [J]. Surface and Coatings Technology, 2013, 232: 758-766.

[55] KUMAR A , SAPP M , VINCELLI J , et al. A study on laser cleaning and pulsed gas tungsten arc welding of Ti-3Al-2.5 V alloy tubes [J]. Journal of Materials Processing Technology, 2010, 210(1): 64-71.

[56] WATKINS K G , CURRAN C, LEE J M. Two new mechanisms for laser cleaning using Nd: YAG sources [J]. Journal of Cultural Heritage, 2003, 4: 59-64.

[57] WATKINS K G. Mechanisms of laser cleaning [J]. International Society for Optics and Photonics, 2000, 3888: 165-174.

[58] MEJA P , AUTRIC M , ALLONCLE P ,et al. Laser cleaning of oxidized iron samples: The influence of wavelength and environment [J]. Applied Physics A, 1999, 69(1): 687-690.

[59] MARIMUTHU S , KAMARA A M , WHITEHEAD D , et al . Laser removal of TiN coatings from WC micro-tools and in-process monitoring [J]. Optics & Laser Technology, 2010, 42(8): 1233-1239.

[60] YUE L , WANG Z , LI L. Material morphological characteristics in laser ablation of alpha case from titanium alloy [J]. Applied Surface Science, 2012, 258(20): 8065-8071.

[61] Yang S K. Laser cleaning as a conservation technique for corroded metal artifacts[D]. Luleå: Luleå University of technology, 2006.

第 5 章　涂层的性能表征方法

一般情况下，对于涂层性能的研究，主要包括涂层结构、厚度、硬度、弹性模量等常规性能指标。通过分析航空发动机抗冲蚀涂层的损伤模式可知，抗冲蚀涂层服役环境和损伤模式更加复杂。为了更加全面地表征涂层性能，研究抗冲蚀涂层时，还要从硬质涂层对钛合金基材疲劳性能和硬质涂层抗冲击疲劳性能等方面进行评估。

5.1　涂层基本性能表征方法

5.1.1　涂层形貌表征方法

对涂层表面形貌、粗糙度和涂层截面形貌等宏观和微观特征的表征一般采用扫描电子显微镜(SEM)。SEM 方法是一种形貌观察和分析的基本测试方法，按照离子束产生方式一般可分为钨丝灯和场发射两种类型，放大倍数介于 15～300000 倍，其工作原理是用高能离子束轰击样品表面，在样品表面激发出次级电子(二次电子、俄歇电子、背散射电子、特征 X 射线、连续谱 X 射线)，电子的多少与电子束入射角有关，即与样品的表面形貌起伏有关。通过 SEM 对这些信号进行接收、放大和显示成像，可以得到反映样品表面或者截面的微观形貌衬度图像。入射电子束与原子核的弹性散射或非弹性散射可产生背散射电子，背散射电子的产率为出射的背散射电子数与入射电子束之比，取决于样品平均原子序数；平均原子序数越高，背散射电子的产率越高，这种衬度图像有利于分析涂层不同元素区域以及涂层的复合结构。此外，利用 SEM 中的 EDS 可以实现对涂层元素和成分的分析。SEM 可直接观察所制备涂层试样的表面形貌，而横截面则需要通过制备金相试样进行观察，借助截面形貌可以分析涂层的厚度和截面形貌等基本的涂层物理属性。例如，图 5.1 是 TiN/ZrN 纳米多层涂层的表面形貌和截面形貌。

5.1.2　涂层物相表征方法

涂层物相组成测试一般用于涂层物相的定性和定量分析，通常采用 X 射线衍射等方法。X 射线衍射是一种无损检测技术，不仅可用于材料物相的定性和定量测试，而且还能测定材料的结晶度、晶粒大小、晶粒取向和宏观应力等微结构形

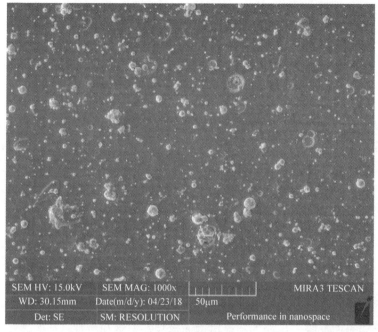

(a) 表面形貌(1000×)

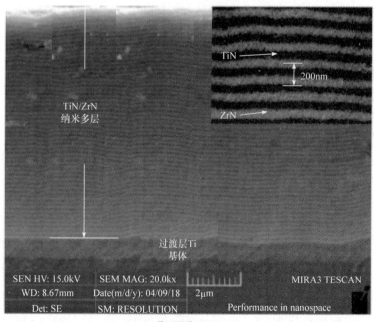

(b) 截面形貌(20000×)

图 5.1　TiN/ZrN 纳米多层涂层的表面形貌和截面形貌[1]

态。其工作原理在于，将一束波长为λ的 X 射线以一定角度θ照射到晶体上，X 射线在晶体内遇到规则排列的原子会发生相互干涉，干涉的 X 射线会发生叠加，导致在某些方向上相位得到加强，在其他方向上抵消减弱，从而显示与晶体结构对应的衍射花样。布拉格研究发现，当 X 射线照射到晶体时，如果要使其在某个方向上散射线互相加强，入射条件必须满足布拉格方程。图 5.2 是晶体表面 X 射线干涉图，著名的布拉格方程见式(5.1)：

$$2d\sin\theta = n\lambda \tag{5.1}$$

式中，d 为晶面间距(Å)；θ 为入射线或反射线与晶体中晶面的夹角，即衍射角(°)；n 为衍射级数；λ 为入射 X 射线的波长(Å)。从式(5.1)可以看出，当波长 λ 一定时，入射角或反射角与晶面夹角 θ 和晶面间距 d 满足一定的函数关系。

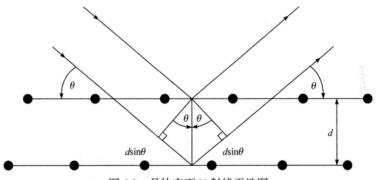

图 5.2 晶体表面 X 射线干涉图

利用 X 射线衍射仪分析涂层物相形成。测试条件中扫描范围为 20°～80°。例如，以 2θ/min 转动 4°的速度扫描，扫描范围为 20°～80°，衍射图 15min 即可完成，而且分辨率、灵敏度和精确度都较好，适用于大量的日常工作(一般是物相鉴定工作)。步进扫描一般耗费时间较多，须认真考虑其参数。选择步进宽度时需考虑两个因素：一是所用接收狭缝宽度，步进宽度不应大于狭缝宽度对应的角度；二是所测衍射线线形的尖锐程度，步进宽度过大会降低分辨率，甚至掩盖衍射线剖面的细节。为此，步进宽度不应大于最强峰半高宽的 1/2。但是，步进宽度也不宜过小。步进时间即每步停留的测量时间长，计数统计误差降低，准确度与灵敏度提高，但将损失工作效率。扫描角度一般在 30°～120°，如果对材料较熟悉，可以选择更窄的角度，这样检测时间会短一点。对于 TiN 系列涂层，一般可采用 Cu 靶 Kα峰，工作电压为 40kV，工作电流为 40mA，扫描步长(2θ)为 0.02°，根据需要，设定扫描范围为 25°～85°。图 5.3 是 TiN/ZrN 纳米多层涂层的 XRD 测试结果，将测试结果与标准 PDF 卡片对比后发现，涂层以 TiN 与 ZrN 为主相。其中，ZrN 最强峰位于 2θ=33.70°处，TiN 最强峰位于 2θ=36.51°处，分别对应

ZrN 与 TiN 的(111)晶面。

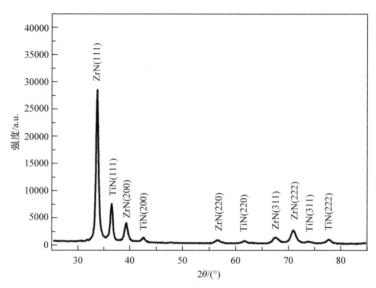

图 5.3　TiN/ZrN 纳米多层涂层的 XRD 测试结果[1]

5.1.3　涂层力学性能表征方法

1. 涂层结合力

涂层结合力即涂层膜基结合强度，是判断涂层力学性能的重要指标。对于包括抗冲蚀涂层在内的有摩擦性能要求的涂层，结合力的要求尤为突出。目前，压入法与划痕法是最常见的两种涂层结合力的测量方法。压入法虽然得到了一定的工业应用，但其载荷相对固定，且评判标准依据裂纹形貌，因此更适合于定性评价。划痕法通过采集压头在涂层表面滑动并逐渐加载时产生的声信号与摩擦力信号，监测涂层破裂时产生的声信号与摩擦力信号变化，必要时结合划痕形貌，能够定量描述涂层的结合强度。

通常情况下,利用单一的声信号即可判断硬质薄膜在划痕测试时的临界载荷，继而得到涂层结合力。但对于多层涂层，初始的声信号波动并不一定是涂层失效时的临界载荷，其往往是表面涂层压溃时产生的噪声。此时，膜基结合保持完好，结合摩擦力信号变化曲线的斜率突增点来判断临界载荷。通过加载过程中摩擦力信号与声信号曲线，结合划痕形貌，判断涂层的剥落点，获取涂层结合力。

图 5.4 是 TiN/ZrN 多层涂层划痕测试结果与形貌，划痕测试的载荷为 100N，加载速率为 100N/min。从图中可以看出，载荷小于 40N 时，划痕内部光滑，涂层形貌完好，显示出良好的承载能力。之后，划痕内部开始出现裂纹，周围涂层

开始剥落，但声信号与摩擦力信号曲线保持稳定，证明涂层仍未失效。载荷达到 66N 时，涂层破碎，声信号突变，摩擦力信号曲线斜率突增，可判断涂层达到临界载荷。

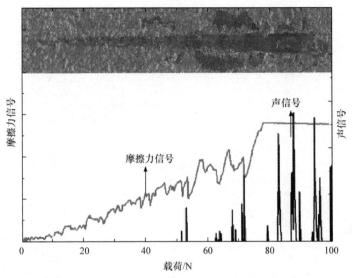

图 5.4　TiN/ZrN 多层涂层划痕测试结果与形貌[1]

2. 涂层残余应力

涂层残余应力是影响硬质厚涂层结合强度的重要因素，常用的检测方法有 X 射线法和基片曲率法。X 射线法属于无损检测，但 PVD 涂层常常存在织构，而且涂层弹性模量与整体材料不同，残余应力测定较困难。

采用基片曲率法测涂层残余应力可有效避免这一问题。根据基体镀膜前后曲率的变化情况，结合基本力学理论可计算得出涂层的残余应力。例如，将高速钢基片为 30mm×3mm×3mm 的小条状试样与其他试样一同放入炉中，镀膜结束后，从基体出发将试样线切割为 30mm×3mm×0.5mm 的长条，利用显微镜测量基片试样表面轮廓，得到扫描长度 a 和中心点挠度 h 等物理量值，根据几何关系可得到曲率半径 $R=a^2/8h$，经过 Stoney 公式(5.2)计算出涂层的残余应力：

$$\sigma = \frac{E_s t_s^{\,2}}{6t_c\left(1-v_s\right)}\kappa \tag{5.2}$$

式中，σ 为涂层残余应力(GPa)；E_s 为基体弹性模量(GPa)；t_s 为基体厚度(m)；t_c 为涂层厚度(m)；v_s 为基体泊松比；κ 为基体曲率(m^{-1})[2]。

3. 涂层断裂韧性

对于硬质涂层，断裂韧性能够反映出材料抗裂纹扩展和冲蚀磨损的能力。一般可采用压入法和悬臂梁等表征涂层的断裂韧性。压入法是目前评价涂层韧性的一种通用方法，图 5.5 是维氏压痕法测涂层断裂韧性示意图。

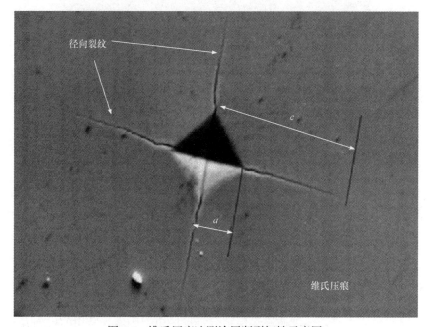

图 5.5   维氏压痕法测涂层断裂韧性示意图

在压入过程中，局部过高的接触应力会导致压痕的四角产生显微裂纹，通过测量对角线径向裂纹的长度，由式(5.3)可计算出涂层的断裂韧性：

$$K_{IC} = \delta \left(E / H\right)^{\frac{1}{2}} \left(\frac{P}{c^{3/2}}\right) \tag{5.3}$$

式中，K_{IC} 为涂层断裂韧性($MPa \cdot m^{1/2}$)；δ 为压头几何形状相关常数；E 为涂层弹性模量(GPa)；H 为涂层硬度(GPa)；P 为载荷(N)；c 为裂纹长度(m)。对于维氏压头，$\delta \approx 0.016$。

4. 纳米压痕

纳米压痕技术也称深度敏感压痕技术，是测试材料力学性质最简单的方法之一。传统的硬度测试是将一个特定形状的压头用垂直压力压入试样，根据卸载后的压痕照片获得材料表面留下的压痕半径或通过对角线长度计算出压痕面积。随着材料科学的发展，试样规格越来越小型化，传统压痕测量方法逐渐暴露出其局限性。一是这种方法仅仅能够得到材料的塑性性质；二是这种方法只适用于测量较大尺寸的试样。纳米压痕技术很好地解决了传统压痕测量方法的缺陷。纳米压痕技术通过计算机程序控制载荷发生连续变化，实时测量压痕深度，获取载荷-位移曲线。由于施加的是超低载荷，监测传感器具有优于 1nm 的位移分辨率，可以达到纳米级(0.1~100nm)的压深，特别适用于测量薄膜和涂层等超薄层材料的力学性能，可以在纳米尺度上测量材料的力学性质。为避免基体材料的干扰，一般压入深度小于涂层总厚度的 1/10。利用面积函数，对载荷-位移曲线进行分析计算，可以获得材料弹性模量和硬度等力学性能。图 5.6 是 TiN/ZrN 纳米多层涂层纳米压痕测试结果，表 5.1 是涂层力学性能测试结果。

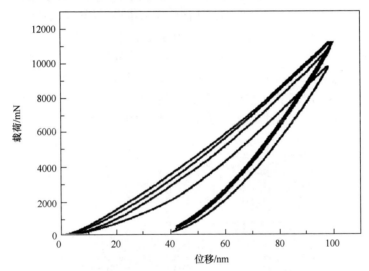

图 5.6　TiN/ZrN 纳米多层涂层纳米压痕测试结果[1]

表 5.1　涂层力学性能测试结果

涂层类别	H/GPa	E/GPa	H/E	H^3/E^2/($\times 10^{-2}$GPa)
TiN/ZrN	39.1±1.6	550.7±17.5	0.071	19.7

5.2　微纳力学性能表征方法

　　如前所述，高应变率和加载方向随机性是影响涂层抗冲蚀性能的关键因素。纳米冲击试验为瞬间的纳米压痕测试，加载时间为毫秒级别，冲击应变率可达到 10^4 s^{-1}。有关纳米冲击的相关仿真在第 3 章已经做出表述，此部分为试验部分。纳米冲击测试所用设备是 Nano Test 纳米冲击测试系统。该设备可迅速显示涂层性能的差异，用于寻找动态载荷下提高涂层抗断裂性能的涂层工艺参数，优化涂层设计以提高服役寿命。纳米压痕试验所用设备是 Hysitron TI950 TriboIndenter，是一种自动化、高相容性的仪器，可用于涂层准静态下硬度和弹性模量的测试。通过在不同角度下对涂层进行金相镶嵌，可得到不同加载方向下涂层的力学性能。

5.2.1 高应变率冲击表征

Nano Test 纳米冲击测试系统配备摆锤加载系统实现对试样的水平加载。摆锤系统配置了一个用于负载驱动的电磁体和一个深度传感的三平行板电容器。图 5.7 为 Nano Test 纳米冲击测试系统设备的组成，系统由 X 轴、Y 轴和 Z 轴 3 个控制器(2、3 和 1)，2 个光学显微镜(4 和 5)，摆锤(6)，试样定位托(7)以及氧探测器(8)组成。图 5.8 为 Nano Test 纳米冲击测试系统原理，即电流通过顶部的电磁铁，摆锤绕着一个无摩擦的轴向磁铁旋转，从而将压头推向试样。压头进入试样表面的位移由一组平行板电容器测量，其中一块板连接在摆锤上，另一块连接在仪器的主框架上。位于底部的一组阻尼板提供空气阻尼，以在测量之前将摆锤振动降至最低。该设备的加载范围为 $10\mu\text{N} \sim 500\text{mN}$。选取不同形状的压痕压头(尖头、圆头和平头等)，可以实现不同应变率的高速冲击测试，最大应变率可达 10^4s^{-1} 数量级。其中，Berkovich 压头不能用于脉冲测量，因为脉冲测量过程中压头的几何结构容易被损坏。

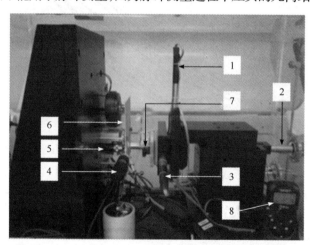

图 5.7　Nano Test 纳米冲击测试系统设备的组成(后附彩图)

1-Z 轴控制器；2-X 轴控制器；3-Y 轴控制器；4-X-Z 平面光学显微镜；5-Y-Z 平面光学显微镜；
6-摆锤；7-试样定位托；8-氧探测器

为获得涂层的动态冲击特性，在 Nano Test 纳米冲击测试系统中采用立方角压头对单层 Ti、TiN 和多层 TiN/Ti 涂层分别进行了单次纳米冲击试验，冲击时间为 0.3s，冲击载荷为 40mN。图 5.9 为 Ti、TiN 和 TiN/Ti 涂层的单次冲击位移(速度)-时间曲线。三种涂层的冲击响应都表现出一定的可变性。涂层单次冲击深度

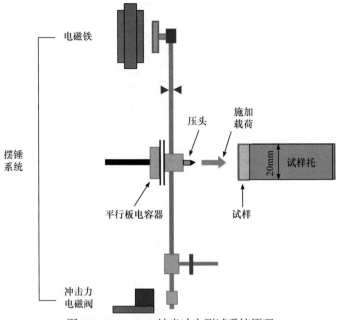

图 5.8 Nano Test 纳米冲击测试系统原理

达到稳定的快慢揭示了涂层的韧性,图 5.9 表明 Ti 涂层具有更强的韧性,而 TiN/Ti 多层结构涂层表现出较高的韧性(甚至接近纯金属涂层)。根据应变率对式(5.4)进行计算:

$$\varepsilon^*(t) = \frac{v(t)}{D} \tag{5.4}$$

式中,$v(t)$ 为冲击后涂层首次响应速度;D 为冲击首次响应深度。通过计算可以得到三种涂层的应变率,其中 TiN/Ti 涂层在 40mN 冲击下具有更高的冲击应

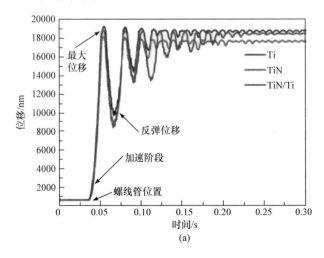

(a)

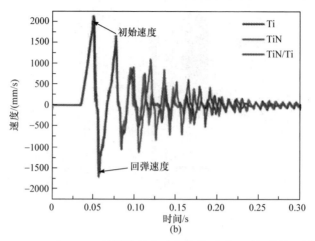

图 5.9　Ti、TiN 和 TiN/Ti 涂层的单次冲击位移(速度)-时间曲线(后附彩图)

变率，即在冲击载荷下应变速度最快。

　　通过监测试验中冲头的深度，可分析冲击磨损过程。图 5.10 是 Ti、TiN 和 TiN/Ti 涂层重复 1000 次冲击的位移-时间曲线，其中冲击载荷为 40mN，单次冲击时间为 0.3s。可以清楚地看到，在 40mN 载荷下，随着循环次数的增加，3 种涂层的冲击深度先快速增加，之后缓慢增加，并没有出现明显的突变阶跃，表明涂层在该载荷下并未发生脆性破坏。深度表现出快速增加的阶段，表明该阶段涂层并未完全发生塑性变形，因此该阶段 Ti 涂层可以承受的循环次数较 TiN 涂层和 TiN/Ti 涂层更多，这是由 Ti 涂层的高弹性性能决定的。通过观察 3 种涂层的冲击

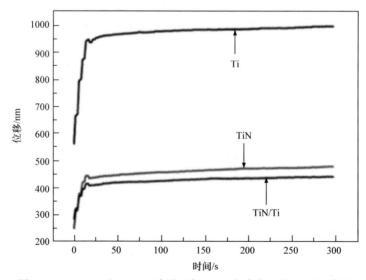

图 5.10　Ti、TiN 和 TiN/Ti 涂层重复 1000 次冲击的位移-时间曲线

深度, 发现 TiN/Ti 多层涂层的冲击深度最浅, 表明其抵抗塑性变形的能力最强, Ti 涂层最弱, 即陶瓷金属多层结构可以改善涂层的抗塑性变形能力。因此, 相较冲蚀试验, 纳米冲击试验具备较快、较精准地优化涂层结构的优势。

5.2.2 各向异性表征与分析

1. 纳米压痕测试

图 5.11 是 Hysitron TI950 TriboIndenter 纳米测试系统的组成。低载传感器的最大载荷为 12mN, 力分辨率<1nN, 位移分辨率<0.02nm。该传感器还可以在测试期间进行连续刚度测量(纳米动态力学模块, nanoDMA 模式)。高载传感器的最大载荷为 1N, 力分辨率<1μN, 位移分辨率<0.1nm。所有的硬件都嵌入到一个主动隔振系统中, 并安装在一个热隔声外壳中, 该外壳的设计目的是在测试期间将振动、热漂移和噪声降到最低。此外, 还可以安装高温台进行高温试验。Hysitron TI950 TriboIndenter 纳米测试系统使用基于压电力传感器和电容深度传感压头的垂直轴向加载系统。Hysitron TI950 TriboIndenter 纳米测试系统集成了高级控制模块, 大大提高了反馈控制纳米机械测试的精度, 配备原位扫描探针显微镜(SPM)成像系统, 在测试放置和数据重复性方面提供了极佳的精度。通过使用不同压头达到不同的测试目的。Berkovich 尖压头对涂层进行纳米压痕测试, Plat 平压头对涂层进行微柱压缩测试。

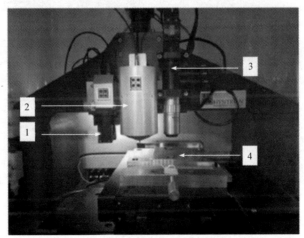

图 5.11   Hysitron TI950 TriboIndenter 纳米测试系统的组成(后附彩图)
1-低载传感器; 2-高载传感器; 3-光学显微镜; 4-样品定位台

2. 微柱压缩测试

仪器化纳米压痕试验的主要缺点之一是材料受到复杂的多轴应力状态, 而硬度与单轴强度无关，特别是各向异性材料。为了克服这一局限性，可采用微柱压缩试验。这种方法依赖微柱的制造，通常采用聚焦离子束(focused ion beam，FIB)在材料上加工出微米尺度的圆柱。微柱压缩试验是研究涂层应力-应变行为和变形断裂机制的有力工具，涂层微柱加工过程示意图如图 5.12 所示。首先在相对较大的离子束流(9.3nA)下，使用同心环形加工模式加工出一个直径约为 4μm、高约为 1μm 的微柱[图 5.12(a)]，加工沟槽的外径必须大于压头的尺寸，以防止试验期间与微柱周围材料接触[3]。之后使用从 0.73~0.23nA 的离子束流进一步细化微柱直径，并将其高度增加到所需尺寸，在该例中，直径为 2μm，高度为 4μm[图 5.12(b)和(c)]。在非常小的离子束流(40pA)下，进行最后的抛光步骤，以移除微柱的开孔器[图 5.12(d)]。最终加工的微柱在 Hysitron TI950 TriboIndenter 纳米测试系统进行压入测试而获得涂层单轴压缩应力-应变响应。此外，通过测试微柱的变形形态，可以很容易地表征微柱的变形和断裂模式。

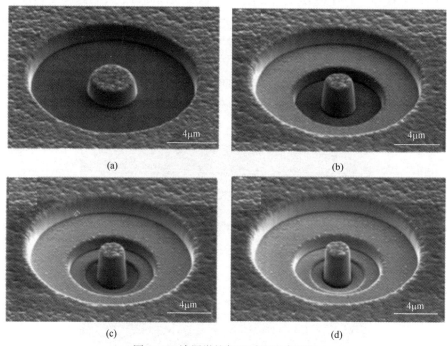

(a)　　　　　　　　　　　　　　(b)

(c)　　　　　　　　　　　　　　(d)

图 5.12　涂层微柱加工过程示意图[3]

几个试验因素可能影响微柱压缩试验的结果。首先，FIB 加工过程中可能导致 Ga+注入、点缺陷和线缺陷的引入、含 Ga+相的沉淀在微柱表面形成薄的非晶层。但是，对于氮化物纳米多层涂层，这些影响可以忽略不计，因为涂层层厚比微柱直径小几个数量级。其次，平压头表面与微柱顶面的不重合可能导致初始接触问题以及应力-应变曲线中初始加载段斜率的变化。这些对准问题是微柱压缩试验的固有问题，但通过在压缩试验之前使用双倾斜台校正样品对准，将使这一误差最小化。最后，加工的微柱并非绝对的圆柱形，而是带有一定的锥度。大锥度将引起微柱上部应力较大而整个微柱上部的应力场并不均匀，可采用较小的束流对涂层微柱进行最后的抛光处理，使最终的锥角小于 2°。

应变 $\varepsilon_{\mathrm{eng}}$ 和工程应力 σ_{eng} 由微柱收缩量 u_{pillar}、微柱的初始长度 L_0、试验载荷 P 和初始顶部横截面积 A_0 确定，表达式见式(5.5)：

$$\varepsilon_{\mathrm{eng}} = \frac{u_{\mathrm{pillar}}}{L_0} \tag{5.5}$$

$$\sigma_{\mathrm{eng}} = \frac{P}{A_0} \tag{5.6}$$

采用该方法研究涂层在不同加载方向下的力学响应、变形和断裂模式。纳米压痕是在 Hysitron TI950 TriboIndenter 纳米测试系统中进行的，该系统配备有 Berkovich 压头。基于 Oliver-Pharr 方法，采用部分加卸载压痕函数，得到 TiN/ZrN 纳米多层涂层的弹性模量和硬度随压痕深度的变化关系。最大载荷设定为 200mN，以穿透压头压入涂层多层，获得可靠的压痕响应。为了消除基体效应，最大压入深度必须小于涂层总厚度的 10%。分别在垂直于(90°)和平行于(0°)层厚度的方向施加载荷，以获得涂层不同方向上的力学特性。

微柱压缩试验也在 Hysitron TI950 TriboIndenter 纳米测试系统中进行，但压头为 10μm 金刚石平压头。在压缩之前，首先在 90° 和 0° 方向通过 FIB 加工完成微柱。所有微柱的高径比均为 2。微柱压缩是在位移控制模式下进行的，位移速率为 5nm/s，一旦微柱完全断裂，即终止试验，施加的载荷急剧下降。根据实测的力和位移数据，最终计算出工程应力和应变，并用 SEM 得到所有微柱断裂后的形貌。

图 5.13 是 TiN/ZrN 纳米多层涂层低倍和高倍下的明场透射微观形貌，可以看到，涂层为周期性沉积的多层涂层，具备致密的结构，没有观察到微/纳米尺度的孔隙。TiN 和 ZrN 的单层厚度分别为 100nm 和 140nm。如图 5.13(b)所示，两个层中的晶粒呈柱状结构，晶粒尺寸与各层的厚度大致相同。因此，在每一层的厚度方向上只存在 1 个晶粒，这意味着通过降低单层厚度可以得到更小的晶粒结构。TiN/ZrN 的界面上未观察到界面相。由于不同方向上晶粒生长速度的各向异性，TiN/ZrN 界面略有波动，表明界面波动可能是 TiN/ZrN 纳米涂层力学各向异性的因素之一。

TiN/ZrN 的各向异性是其结构决定的。图 5.14 是 TiN/ZrN 涂层的纳米压痕结果。其中，5.14(a)为 TiN/ZrN 纳米多层涂层不同加载方向(90° 和 0°)下，其硬度和弹性模量与压入深度的关系。随着压入深度的增加，弹性模量和硬度都趋于稳定，

(a) 低倍微观形貌

(b) 高倍微观形貌

图 5.13　TiN/ZrN 纳米多层涂层低倍和高倍下的明场透射微观形貌[3]

可以将压入深度大于 500nm 后的平均值，作为材料的弹性模量与硬度值。由图可得，涂层在 90°方向上，弹性模量为 393.5GPa，硬度为 32.7GPa，均高于 0°(弹性模量为 319.5GPa，硬度为 27.2GPa)。90°弹性模量和硬度值大于 0°时，该约束可以使纳米多层涂层性能得到额外强化。

　　采用 FIB 对不同方向加载下的压痕区域进行截面透射样提取，利用透射电子显微镜(transmission electron microscope，TEM)对压痕截面进行表征；利用 SEM 对微柱压缩结果进行表征。下面以 TiN/ZrN 为例，从压痕区域层厚变化、塑性变形和裂纹扩展三个方面进行介绍。

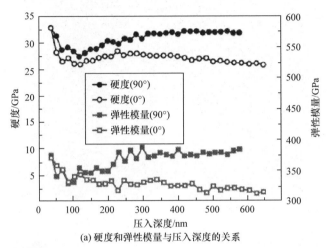

(a) 硬度和弹性模量与压入深度的关系

(b) 90°加载后压痕区域截面形貌图

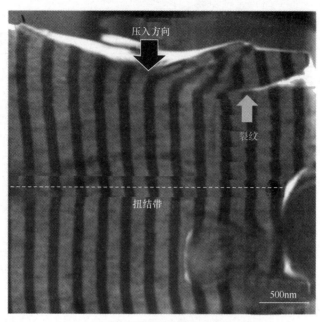

(c) 0°加载后压痕区域截面形貌图

图 5.14　TiN/ZrN 涂层的纳米压痕结果[3]

利用 TEM 对加载后的压痕区域截面进行表征，从而研究纳米压痕过程中涂层的变形机理。图 5.14(b)和(c)分别为 90°和 0°加载后压痕区域截面形貌，经纳米压痕试验后，涂层的层状堆叠结构仍保持不变。在 0°时，载荷可使涂层结构发生扭结，以适应塑性应变，同时形成扭结带。压痕后的各层始终与所制备的纳米层厚度相同，表明各层的塑性活动较弱。层的扭结会导致层的开裂，特别是在靠近压头的区域。涂层的裂纹垂直于界面，且未在界面处发生偏转，这意味着 TiN/ZrN 纳米多层涂层在该加载方向上为脆性响应。90°加载方向的变形行为与 0°加载下存在较大差异。在这个方向上，ZrN 层的层厚明显减小，表明塑性应变主要由 ZrN 层调节。从图 5.14(b)和(c)中可以观察到界面处的裂纹，这可能是复杂应力场导致的 TiN/ZrN 界面的 I 型裂纹。同时，界面裂纹可以扩展到各个层的内部，进一步导致裂纹偏转引起断裂，消耗一部分能量。

图 5.15 为 90°和 0°TiN/ZrN 涂层微柱的典型形貌和应力-应变曲线。所有微柱的直径均为 2μm，高径比也为 2。涂层在两个方向上的抗压强度相当，为 8.5GPa，显著高于典型陶瓷金属多层涂层的抗压强度。抗压强度与纳米压痕硬度之比约为 1/3，考虑到 Tabor 约束机制，这是合理的。图中结果显示，在微柱断裂之前仍能观察到一些应变突变(应力降)，这意味着涂层发生了断裂。从断裂前 0°方向加载的微柱断裂应变来看，涂层在 0°方向比 90°方向显示出更高的脆性。

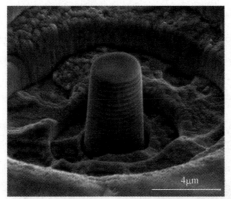

(a) 90°TiN/ZrN涂层微柱的典型形貌

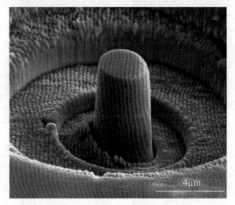

(b) 0°TiN/ZrN涂层微柱的典型形貌

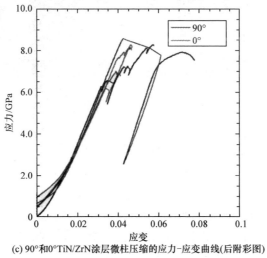

(c) 90°和0°TiN/ZrN涂层微柱压缩的应力-应变曲线(后附彩图)

图 5.15　90°和 0°TiN/ZrN 涂层微柱的典型形貌和应力-应变曲线[3]

图 5.16 是 90°和 0°加载后 TiN/ZrN 涂层微柱裂纹和断裂形貌。在单轴压缩载荷下，90°时微柱沿加载方向开裂，产生的裂纹主要垂直于 TiN/ZrN 界面。由于纳米多层结构是由不同材料组成的，在微柱发生断裂之前，观察到的裂纹在这个方向的界面处终止或偏转。这种裂纹的终止或偏转机制可以很好地解释该方向的应变突变(应力降)。相比之下，0°加载下的微柱以非常脆性的方式断裂，这是双重剪切带导致的开裂。剪切带通常可以在压缩过程中由微柱的柱状形貌形成，并且它们通常倾向加载方向。在 TiN/ZrN 纳米多层结构中，由于各层的完全脆性，剪切带的早期形成可能造成微柱的整体断裂，这进一步解释了微柱在 0°这个方向上的断裂应变较 90°要小得多。断裂前的小应力降也是 TiN/ZrN 界面裂纹偏转的结果。

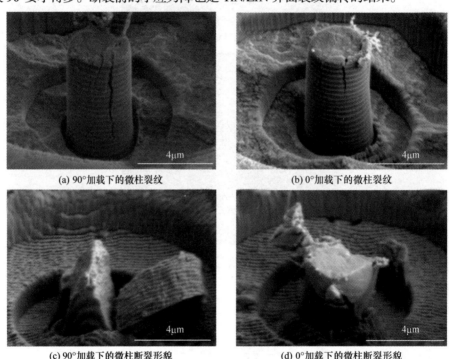

(a) 90°加载下的微柱裂纹　　　　　　　　(b) 0°加载下的微柱裂纹

(c) 90°加载下的微柱断裂形貌　　　　　　(d) 0°加载下的微柱断裂形貌

图 5.16　90°和 0°加载下 TiN/ZrN 涂层微柱裂纹和断裂形貌

5.3　重复冲击试验

5.3.1　重复冲击试验方法

重复冲击试验通过动能控制型重复冲击试验设备，实现冲击块与载荷加载装置的分离，且能对冲击速度进行控制，图 5.17 为动能控制型重复冲击试验设备示意图。

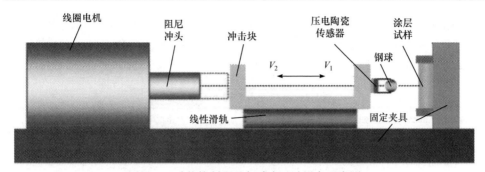

图 5.17　动能控制型重复冲击试验设备示意图

试验过程中，钢球与冲击块连接，阻尼冲头为载荷输出装置，由线圈电机进行控制。对一个冲击过程，冲击块在阻尼冲头驱动作用下获得动能，当其速度达到设定值 V_1 后，与阻尼冲头分离，然后冲击试样表面。在小球与试样接触过程中，由于冲击块和小球在水平方向上无其他力平衡来自涂层/基体体系的力作用，其将从涂层/基体体系的弹性恢复中获得动能，并以速度 V_2 反弹。通过特殊结构装置，冲击块停止并与阻尼冲头接触，等待下一次冲击。通过线圈电机响应，可控制冲击的速度和频率，同时也可在冲击块上添加重物，改变冲击块动能。沙粒冲击，实质上是沙粒在垂直材料表面方向上以某一速度进行冲击和碰撞的过程，涉及材料的力响应和能量吸收。速度控制型的单颗粒重复冲击试验，其冲击块在水平导轨上滑行，摩擦力可忽略不计，与沙粒冲击试样的实际过程相符。每一次冲击的力响应和速度变化被实时记录。试验环境为常温常压，冲击为无介质直接碰撞，常用的冲击小球为直径 2.38mm 的 Si_3N_4 陶瓷球，其硬度为 21.06GPa，弹性模量为 262.38GPa，冲击块整体质量为 215g，冲击速度为 0~20mm/s，冲击动能为 1.548mJ。

试验完成后，通过传感器采集冲击小球的往返速度和接触力，对比分析涂层厚度对冲击的能量吸收率和动力学响应的影响，使用白光干涉仪(Contour GT 型)测量坑点轮廓、坑点面积和坑点体积。涂层冲击磨损区域的二维轮廓和体积通过 OLS400 型激光扫描共聚焦显微镜(confocal laser scanning microscope, CLSM)进行测试。

5.3.2　不同涂层结构的重复冲击性能

研究不同结构的涂层对冲击过程的响应，并分析其损伤特征及其演化规律将有助于涂层的结构优化设计。下面以 TiN/Ti 陶瓷金属多层涂层为例，简要介绍不同冲击速度下重复冲击的试验结果。

为了研究在不同的重复冲击速度下 TiN/Ti 涂层的损伤特征，通过调整设备参数，控制 Si_3N_4 陶瓷球的速度分别为 60mm/s、120mm/s 和 180mm/s，以厚度为

10.81μm，TiN 和 Ti 的调制比为 9：1，层数为 2 的 TiN/Ti 陶瓷金属多层涂层为研究对象，分析该涂层随着冲击次数的增加，其损伤特性的变化。表 5.2 为不同冲击速度下的冲击参数。

表 5.2　不同冲击速度下的冲击参数

冲击速度/(mm/s)	动能/mJ	冲击次数/次			
60±0.64	0.39±0.005	10^1	10^2	10^3	10^4
120±0.991	1.55±0.026	10^1	10^2	10^3	10^4
180±1.164	3.48±0.046	10^1	10^2	10^3	10^4

　　图 5.18 是在不同的冲击速度下，涂层磨损区域深度随冲击次数的变化曲线。从图 5.18 中的内置图(a)涂层冲击磨损的 3D 形貌和内置图(b)可以看出磨损区域的形貌接近于球形，并且截面 $A—A$ 的外形接近于弧形。在冲击速度为 60mm/s 时，磨损区域深度从 10 次冲击下的 1.71μm 缓慢增加至 10000 次冲击下的 2.63μm。当冲击速度增加至 120mm/s 时，陶瓷球动能约为 60mm/s 的 4 倍，磨损区域深度在 10 次和 10000 次冲击下分别为 4.34μm 和 6.53μm。冲击速度为 180mm/s 时，在 10000 次冲击下，磨损区域深度约为 10.26μm。磨损区域深度随着冲击速度和次数的增加而逐渐增加。

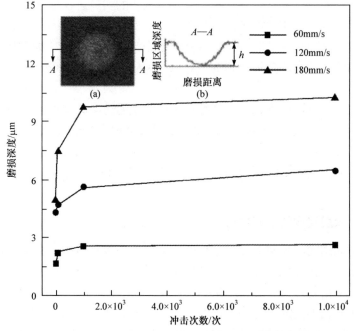

图 5.18　不同冲击速度下，涂层磨损区域深度随冲击次数的变化曲线[4]

图 5.19 为涂层/基体体系的动态力学响应。在陶瓷球与涂层接触的瞬间，产生接触力随后达到峰值，当陶瓷球与涂层分离时，接触力变为 0。不同的冲击速度下，单次冲击的接触时间约为 0.55ms。例如，最大接触力和接触时间等动态响应在不同的冲击次数下具有相同的变化趋势。单次冲击下的最大接触力由 60mm/s 下的 73.30N 增加至 180mm/s 下的 262.26N。这意味着在陶瓷球质量和接触时间固定的条件下，陶瓷球速度越大，接触力越大。

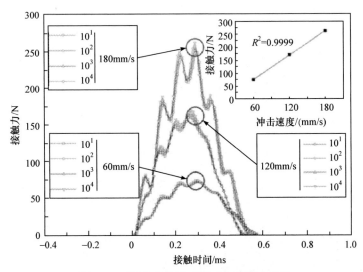

图 5.19　涂层/基体体系的动态力学响应[4]

图 5.20 是磨损区域的接触应力随冲击次数的变化。经历 10 次冲击后的接触应力为 2.61~3.57GPa，此时冲击速度为 120mm/s 时为最低。然而，当冲击次数超过 100 次时，由于磨损区域深度的增加，接触应力的最大值均低于 2.5GPa。当冲击次数超过 1000 次时，接触应力缓慢降低，这可能是随着冲击次数的增加，涂层塑性变形量逐渐降低导致的。

图 5.21 是不同冲击速度和冲击次数下涂层的破坏形貌。从图中可以看出，在冲击区域存在塑性变形、涂层剥落和环形裂纹三种典型的破坏模式。结合图 5.18 所示的磨损区域深度，冲击区域形状接近球面，这是涂层/基体体系的协调塑性变形所致，并且在不同的冲击速度和次数下均有塑性区域的出现。当涂层在较低的冲击动能下，如冲击 10~100 次时，涂层只出现了塑性变形；当冲击次数增加到 100 次时，出现了涂层剥落；当冲击次数达到 1000 次时，出现了环形裂纹。当冲击速度增加至 120mm/s 时，环形裂纹在 10 次冲击下就出现了，而且冲击次数为 100 次时，出现了涂层剥落；冲击速度为 180mm/s 时，10 次冲击下出现了塑性变形，涂层剥落和环形裂纹。

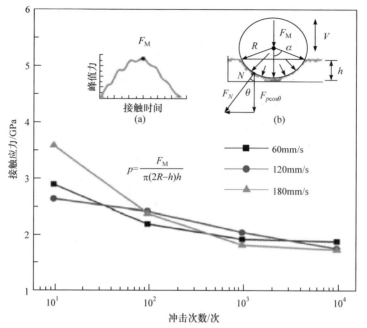

图 5.20   磨损区域的接触应力随冲击次数的变化[4]

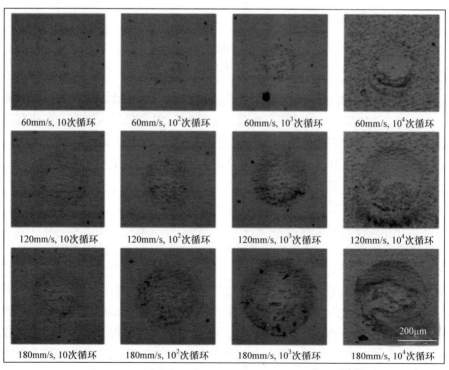

图 5.21   不同冲击速度和冲击次数下涂层的破坏形貌[4]

5.4 涂层对基体疲劳强度影响的表征方法

航空发动机的叶片疲劳强度和寿命是评价航空发动机稳定工作的关键性能指标。钛合金叶片工作时主要遭受发动机高速旋转带来的巨大离心载荷，高速气流冲击叶片带来的气动压力载荷，以及温度梯度带来的温度载荷等。在以上载荷的共同作用下，叶片比较容易发生疲劳失效。

抗冲蚀涂层的引入虽然在一定程度上提高了叶片的抗冲蚀能力，但是对于叶片力学性能，尤其是抗疲劳性能可能会产生一定影响。因此，研究涂层对叶片力学性能的影响规律，对于在不同工况要求下，合理选取涂层种类和结构，保证钛合金叶片的服役安全性和可靠性，具有非常重要的指导意义。

5.4.1 带涂层钛合金平板或叶片振动疲劳

为测量涂层对钛合金平板试件或叶片实物在振动条件下的疲劳性能，依据 HB 5277—84 相关试验规定，加工典型的疲劳试样，在振动疲劳试验台进行振动疲劳试验。根据不同的试验目的，选择不同的方案，常用的试验方案如下。

1. 常规试验方法

常规试验方法利用简便的方法测定材料或叶片的应力-寿命(S-N)曲线，包括单点试验法和成组试验法。单点试验法是指在每个应力水平下试验一个试件，应力水平不得少于 7 级，一般需要 10 个试件。成组试验法是指在每个应力水平下试验一组试件，应力水平不应少于 4 级，每组试件个数不得少于 3 个，在低应力水平，试件的数量要增加为 15 个，可得到各应力水平对应的中值疲劳寿命 N_{50}，这样得到的曲线为具有 50%存活率的"中值 S-N 曲线"。

2. 升降法

升降法可以比较准确地测定出疲劳强度或中值疲劳强度。升降法是在指定疲劳寿命下测定应力水平，适用于长寿命区(10^6 次循环以上)。试件数量不得少于 10 个，一般需要 15 个，应力水平为 4 级或 5 级。

3. P-S-N 曲线

P 存活率的应力-寿命(P-S-N)曲线目的在于求出每一应力水平下的安全寿命，以满足设计需要。对于每一应力水平，必须使用同一组试样，每组试件不少于 6 个，应力水平一般为 4 级，在低应力水平，一般要增加各组的试样数量。试样数量不少于 24 个。

1) 应力水平选取规则

对于通过振动疲劳试验测定 S-N 曲线，最高应力水平大于预计疲劳极限的 20%～30%。

对于升降法，第 1 根试样选略高于预计疲劳极限下的试验应力水平，以后根据上一根试样的试验结果(断裂或通过)决定下一根试样的试验应力(降低或增加)。应力增量可取预计疲劳极限的 4%～6%。

2) 数据处理

绘制 S-N 曲线：可采用半对数坐标或双对数坐标。当试件超过预定循环次数(如 10^7 次或 2×10^7 次)未破坏和未达到 10^7 次或 2×10^7 次循环而发生破坏的这两级应力水平的差数不大于较低级应力值的 5%时，疲劳极限取两者的平均值。

处理升降法得到的数据时，在出现第一对相反结果以前的数据均舍弃，若所舍弃的数据在以后试验数据的波动范围内，则为有效数据，可平移到后面使用。

疲劳强度或中值疲劳强度 σ_{-1} 的表达式见式(5.7)：

$$\sigma_{-1} = \frac{1}{n}\sum_{i=1}^{m} v_i \sigma_i \tag{5.7}$$

式中，n 为试验次数；m 为应力水平的级数；σ_i 为第 i 级应力；v_i 为在第 i 级应力 σ_i 下进行的试验次数。

4. 逐级加载测定疲劳强度

由于基体材料本身的分散性，为了提高试验的可靠性和试验效率，采用逐级加载方法，确定试件的疲劳强度。逐级加载方法基于线性累积损伤理论，对于每个试件均能确定出其疲劳强度(超过一级载荷时)，能够极大地提高试验效率和数据的有效性[5]。假定要测试某材料在应力比为 R 和 10^6(或更高)次循环寿命下的疲劳强度，逐级加载方法的步骤为初步估计材料在应力比为 R 时，10^6(或更高)次循环寿命下的疲劳强度，施加低于该值的循环应力，连续加载 10^6(或更高)次循环，如果试件在第一个 10^6(或更高)次循环周期内失效，则试验无效。更换试件并降低第一次加载的循环应力重新试验。如果试件第一个 10^6(或更高)次循环周期内没有失效，那么将第一步施加的循环应力增加一个小的载荷增量(如初始载荷的 5%)，继续进行下一个 10^6(或更高)次循环加载。如果试件仍没有失效，则增加一个载荷量后继续加载，直至试件断裂失效。每一级载荷下的 10^6(或更高)次循环加载称为一个载荷块或载荷步。假设试件发生失效的最后载荷块的最大循环应力为 σ_f，循环次数为 N_f，发生失效的前一个载荷块的最大循环应力为 σ_{pr}，那么应力 R 下 10^6(或更高)次循环寿命的强度 σ_{ES} 计算公式见式(5.8)：

$$\sigma_{ES} = \sigma_{pr} + \frac{N_f}{10}(\sigma_f - \sigma_{pr}) \qquad (5.8)$$

下面以 TC4 钛合金基体、TiN/Ti 涂层试件和激光冲击强化(laser shock peening, LSP)前处理+梯度 TiN/Ti 涂层试件为例,简单介绍逐级加载测定其振动疲劳强度的过程。基体材料为 TC4 钛合金,高周振动疲劳试件根据 HB 5277—84 相关要求进行加工,具体试件尺寸如图 5.22 所示,试件圆弧短边一侧均为夹持区域。

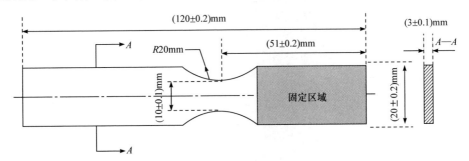

图 5.22　试件尺寸示意图

对于钛合金振动疲劳试件,利用有限元方法进行了模态和应力分析。振动疲劳过程中钛合金试件一阶模态和应力分布计算结果如图 5.23 所示,可以看出,试件的圆弧中间区域工作应力最大,且应力随着纵向两边偏移越来越小,因此确定圆弧区域为激光冲击区域。激光冲击强化试验在 YD60-M165 成套设备上进行。在 LSP 前处理过程中,使用厚度约 1mm 的水层作为约束层,试件表面粘贴约 100μm 厚的铝箔作为吸收层,其原理如图 5.24(a)所示。激光强化工艺参数:波长 λ 为 1064nm,能量 E 为 4J,光斑直径 Φ 为 2.4mm,光斑搭接率为 50%,脉宽 τ 为 20ns,脉冲频率 f 为 1Hz,脉宽内使用高斯时间分布。采用双面对冲工艺,冲

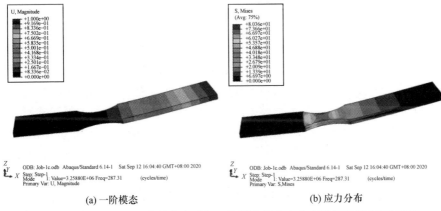

(a) 一阶模态　　　　　　　　　　　　　　　(b) 应力分布

图 5.23　振动疲劳过程中钛合金试件一阶模态和应力分布计算结果(后附彩图)

击次数为 2 次。振动、拉伸疲劳试件激光冲击区域均为圆弧区域，光斑搭接方式与激光冲击路径如图 5.24(b)所示。LSP 前处理之后，采用过滤阴极真空电弧(filtered cathodic vacuum arc，FCVA)技术在试件双面分别进行抗冲蚀梯度涂层制备，涂层包含两层 TiN 层、两层 Ti 层和三层梯度层，厚度分别约为 4.5μm、0.5μm 和 0.5μm，总厚度约为 11.5μm。

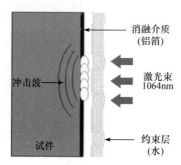

(a) 激光冲击强化原理

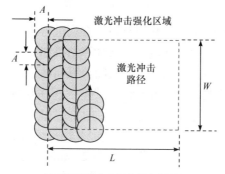

(b) 光斑搭接方式与激光冲击路径

图 5.24　激光冲击强化原理及光斑搭接方式与激光冲击路径示意图

振动疲劳性能考核在东菱 ES-50-445 型电磁振动试验平台上开展，试件夹持方式为单臂悬梁，振动台和试件装夹如图 5.25 所示。试验前，通过电涡流位移传感器读取试件壶口顶部中心位置的最大振幅，通过应变片和应变仪进行应力水平与振幅关系的标定。试验中通过电涡流位移传感器监控疲劳过程中试件的振幅来控制应力。第一级应力载荷水平设为 300MPa，后续试件根据试验情况进行调整，步长为 20MPa，应力比为-1，循环次数为 10^6 次，加载频率为试件的一阶固有频率，通过振动试验台扫频获取。考核试件分为原始 TC4 钛合金基体和 TiN/Ti 涂层试件，每组试件为 6 个。

TC4 钛合金基体与 TiN/Ti 涂层试件振动疲劳加载参数及试验结果如表 5.3 和表 5.4 所示。振动疲劳加载频率在 220～280Hz 变化。制备涂层后，由于表面强度的增加，试件的固有频率有所增加。由表 5.3 可知，TC4 钛合金基体的振动疲劳

(a) 振动台

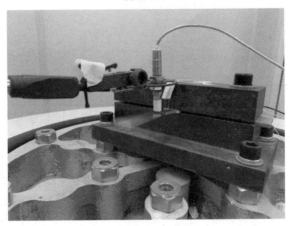

(b) 试件装夹

图 5.25　振动疲劳试验系统

强度介于 240~265MPa。其中试件 TC4-1 在第一级加载步骤中失效,因而数据无效。TC4 钛合金基体的振动疲劳强度数据离散度较低,表明一致性较好。计算可得,TC4 钛合金基体的平均振动疲劳强度为 251MPa。由表 5.4 可知,TiN/Ti 涂层试件的振动疲劳强度在 355~420MPa,平均强度为 396.8MPa,与 TC4 钛合金基体相比提高了 58.1%,同时振动疲劳强度值的离散度增大。

表 5.3　TC4 钛合金基体振动疲劳加载参数及试验结果

试件编号	初始应力/MPa	加载级数	步长 $\Delta\sigma$/MPa	当前级循环次数 N_f/次	疲劳强度 σ_{FS}/MPa
TC4-1	300	1	20	104730	—
TC4-2	260	2	20	157330	263.15
TC4-3	220	3	20	541193	250.82

试件编号	初始应力/MPa	加载级数	步长 $\Delta\sigma$/MPa	当前级循环次数 N_f/次	疲劳强度 σ_{FS}/MPa
TC4-4	240	2	20	466745	249.33
TC4-5	240	2	20	469979	249.40
TC4-6	240	2	20	120591	242.41

表 5.4　TiN/Ti 涂层试件振动疲劳加载参数及试验结果

试件编号	初始应力/MPa	加载级数	步长 $\Delta\sigma$/MPa	当前级循环次数 N_f/次	疲劳强度 σ_{FS}/MPa
NC-1	260	6	20	770092	355.40
NC-2	320	5	20	107862	402.16
NC-3	360	3	20	538145	390.76
NC-4	400	2	20	239722	404.79
NC-5	400	2	20	461855	409.24
NC-6	400	2	20	923710	418.47

　　LSP 前处理 TiN/Ti 涂层试件振动疲劳加载参数及试验结果见表 5.5。由表可知，经 LSP 前处理的 TiN/Ti 涂层试件，其振动疲劳强度在 456～524MPa，疲劳强度数据的离散度略有增加，表明 LSP 前处理良好的工艺稳定性。试件 LC-3 在第一级加载步骤中失效，故数据无效，取剩余数据计算得平均振动疲劳强度为499.09MPa，相比于原始 TC4，提高了 98.8%；相比于无 LSP 前处理工艺对照组，提高了 25.8%。上述结果表明，增加 LSP 前处理后，涂层试件的振动疲劳强度进一步提高。

表 5.5　LSP 前处理 TiN/Ti 涂层试件振动疲劳加载参数及试验结果

试件编号	初始应力/MPa	加载级数	步长 $\Delta\sigma$/MPa	当前级循环次数 N_f/次	疲劳强度 σ_{FS}/MPa
LC-1	380	5	20	817970	456.36
LC-2	420	7	20	153730	523.07
LC-3	500	1	20	3972	—
LC-4	460	4	20	487829	509.76
LC-5	480	3	20	234334	504.69
LC-6	500	2	20	78844	501.58

5.4.2　旋转弯曲条件下的疲劳寿命和疲劳强度测定

　　旋转弯曲疲劳试验是将待测试样旋转并承受一定弯矩,产生的弯矩恒定不变。

试样可装成悬臂在一点或两点加力，或者装成横梁，在四点加力，试验一直进行
到试样失效或超过预定的应力循环次数。室温和高温旋转弯曲疲劳试验可参照
GB/T 4337—2015、HB 5152—96、HB 5153—96 进行。在试验过程中，首先采用
升降法确定材料的中值疲劳极限 σ_{-1}：在升降法试验前，一般先需要测定被测材料
的抗拉强度 R_m，之后根据经验公式[$\sigma_{-1} \approx R_m \times (0.45 \sim 0.50)$]确定升降法起始应力强
度，若起始应力强度在预定应力循环次数前失效，则下一待测试样加载强度降低，
若通过预定循环周次，则提升加载应力继续试验。以此类推进行若干组试验，计
算得出被测材料中值疲劳极限 σ_{-1}，并绘制旋转弯曲疲劳升降图。然后将该值作为
应力-寿命 S-N 曲线的最低应力水平，进行 S-N 曲线试验。应力-寿命试验一般选
择中值疲劳极限 σ_{-1}，以及其上 3～4 级应力值作为试验强度。应力是影响材料循
环周次的主要因素之一，故 S-N 曲线一般随着纵坐标应力的降低，循环周次增加。
试验过程中，为控制变量和减小误差，一组疲劳试验(升降+S-N)应在同一台旋转
弯曲疲劳试验机上进行，除此之外，通过加装电阻炉，还可进行高温旋转弯曲疲
劳试验。通过升降法和 S-N 曲线以及数据拟合来确定材料的疲劳性能是旋转弯曲
疲劳试验的主要目的。室温和高温旋转弯曲疲劳试验的试验标准、试验目的和典
型试样尺寸见表 5.6，旋转弯曲疲劳试样尺寸图见图 5.26。

表 5.6　室温和高温旋转弯曲疲劳试验的试验标准、试验目的和典型试样尺寸

试验类型	试验标准	试验目的	典型试样尺寸
室温旋转弯曲试验	HB 5152—96	室温条件下，测定金属材料圆形横截面试样在旋转状态下承受弯曲力矩时的疲劳性能	图 5.26(a)
高温旋转弯曲试验	HB 5153—96	高温条件下，测定材料在旋转状态下承受弯曲力矩时的疲劳性能	图 5.26(b)

　　为了研究涂层对钛合金材料在旋转弯曲加载条件下的疲劳性能的影响规律，
在图 5.26 所示试样的工作段沉积涂层，分别采用升降法和成组试验法测定疲劳性
能，绘制 S-N 曲线，对比不同涂层对钛合金疲劳性能的影响。

　　图 5.27 是利用升降法测试的 10^6 次循环下无涂层 TC4 试样和带有 11μmTiN
涂层的 TC4 试样的旋转弯曲疲劳试验结果。从图中可以计算出，无涂层 TC4 试
样和带有 11μmTiN 涂层的 TC4 试样的中值疲劳极限分别为 531MPa 和 462.6MPa，
与无涂层 TC4 试样相比，带有 11μmTiN 涂层的 TC4 试样的疲劳极限降低了 13%。
这意味着在旋转弯曲条件下 TiN 涂层会降低 TC4 试样的疲劳强度。

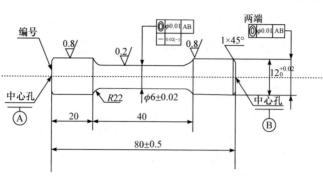

(a) 室温旋转弯曲试样

(b) 高温旋转弯曲试样

图 5.26　室温和高温旋转弯曲疲劳试样尺寸图(单位：mm)

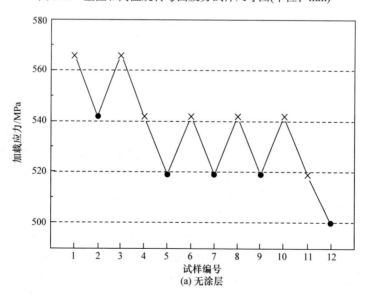

(a) 无涂层

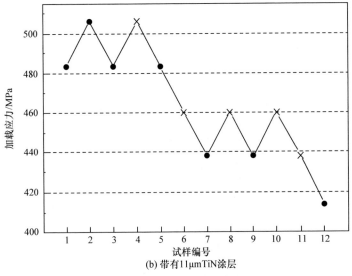

(b) 带有11μmTiN涂层

图 5.27　旋转弯曲疲劳试验结果

×：断裂　　●：未断裂

5.4.3　恒幅轴向加载条件下的疲劳寿命和疲劳强度测定

恒幅轴向加载疲劳试验是指在室温和高温条件下,控制载荷的恒幅疲劳试验,以测定材料在整个试验过程中弹性应变分量占优势条件下的轴向疲劳强度。试样所受应力与时间的关系一般为正弦波,也可采用其他波形,如梯形波、三角波和方波等。高周疲劳试验在高频试验机上进行,以不同应力比拉拉加载方式进行 10^7 次高周疲劳试验,采用升降法测定疲劳极限 σ_{-1},成组试验法测定高应力部分疲劳寿命,然后将升降法和成组试验法测定数据拟合成 S-N 曲线。恒幅轴向加载疲劳试验检测标准和典型试样尺寸分别见表 5.7 与图 5.28。为了研究涂层对钛合金材料在恒幅轴向加载条件下的疲劳性能的影响规律,在图 5.28 所示试样的工作段沉积涂层,分别采用升降法和成组试验法测定疲劳性能,绘制 S-N 曲线,对比不同涂层对钛合金疲劳性能的影响。

表 5.7　恒幅轴向加载疲劳试验检测标准

试验类型	检测标准	检测目的
轴向加载疲劳试验	HB 5287—96	室温条件下,控制载荷的恒幅疲劳试验,以测定材料的轴向疲劳强度
高温轴向加载	HB 5167—81	测定金属和合金在承受等幅轴向拉-压应力或应变下的低循环疲劳性能
轴向加载疲劳试验	GB/T 3075—2008	提供给定材料在不同应力比下,施加应力和失效循环周次之间的关系

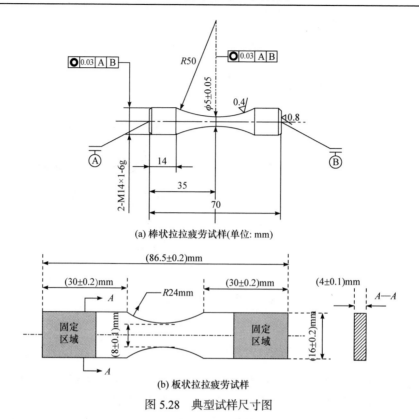

(a) 棒状拉拉疲劳试样(单位: mm)

(b) 板状拉拉疲劳试样

图 5.28　典型试样尺寸图

　　疲劳试验通常依据 HB 5277—84 标准，采用升降法进行疲劳强度考核，该方法需对多个状态完全相同的试件进行疲劳试验，要求试件具有很高的同一性。

　　下面以 TC4 钛合金基体、TiN/Ti 涂层试件和激光冲击强化前处理+梯度 TiN/Ti 涂层试件为例对逐级加载测定疲劳强度过程进行介绍。此外，为了提高试验的可靠性及试验效率，采用逐级加载方法，确定试件的疲劳强度。考核在电磁激振高频疲劳试验机上开展。

　　TC4 钛合金基体与 TiN/Ti 涂层试件的拉拉疲劳加载参数及试验结果分别如表 5.8 和表 5.9 所示。

　　由表 5.8 可知，TC4 钛合金基体的拉拉疲劳强度介于 334～400MPa，其中试件 TC4-8 在第一级加载步骤中失效，因而数据无效。计算可得，TC4 钛合金基体的平均拉拉疲劳强度为 372.57MPa。由表 5.9 可知，TiN/Ti 涂层试件的拉拉疲劳强度在 337～391MPa，其中试件 TiN/Ti-7 在第一级加载步骤中失效，数据无效。计算可得，TiN/Ti 涂层试件的平均拉拉疲劳强度为 363.65MPa，与 TC4 钛合金基体疲劳强度相比略有降低。

表 5.8 TC4 钛合金基体的拉拉疲劳加载参数及试验结果

试件编号	初始应力/MPa	加载级数	步长 $\Delta\sigma$/MPa	当前级循环次数 $N_{\rm f}/\times10^3$ 次	疲劳强度 $\sigma_{\rm FS}$/MPa
TC4-7	300	5	30	321.2	399.64
TC4-8	360	1	30	292.2	—
TC4-9	330	2	30	249.3	337.48
TC4-10	330	4	30	180	395.40
TC4-11	330	4	30	210.4	396.31
TC4-12	330	2	30	333.3	334

表 5.9 TiN/Ti 涂层试件的拉拉疲劳加载参数及试验结果

试件编号	初始应力/MPa	加载级数	步长 $\Delta\sigma$/MPa	当前级循环次数 $N_{\rm f}/\times10^3$ 次	疲劳强度 $\sigma_{\rm FS}$/MPa
TiN/Ti-7	330	1	30	426.3	—
TiN/Ti-8	300	4	30	348	370.44
TiN/Ti-9	300	3	30	257.4	337.72
TiN/Ti-10	300	4	30	221	366.63
TiN/Ti-11	330	4	30	8.2	390.25
TiN/Ti-12	330	2	30	774	353.22

激光冲击强化前处理 TiN/Ti 涂层试件拉伸疲劳加载参数及试验结果见表 5.10。由表可知，该组试件的拉伸疲劳强度在 388~447MPa，疲劳强度数据的离散度较低。试件 LC-11 在第一级加载步骤中失效，故数据无效，取剩余数据计算得平均拉伸疲劳强度为 411.94MPa，相比于原始 TC4，提高了 10.57%；相比于无 LSP 前处理工艺对照组，提高了 13.3%。上述结果表明，增加 LSP 对基体进行前处理后，涂层试件的拉伸疲劳强度均有提高。LSP 前处理工艺是有效提高基体制备涂层后疲劳性能的技术手段。

表 5.10 激光冲击强化前处理 TiN/Ti 涂层试件拉伸疲劳加载参数及试验结果

试件编号	初始应力/MPa	加载级数	步长 $\Delta\sigma$/MPa	当前级循环次数 $N_{\rm f}/\times10^3$ 次	疲劳强度 $\sigma_{\rm FS}$/MPa
LC-7	300	4	30	949.3	388.48
LC-8	360	4	30	886	446.58
LC-9	330	4	30	63.2	391.90
LC-10	360	4	30	102.2	423.07
LC-11	360	1	30	544.1	—
LC-12	330	4	30	655.2	409.66

参 考 文 献

[1] GENG M, HE G , SUN Z , et al . Corrosion damage mechanism of TiN/ZrN nanoscale multilayer anti-erosion coating[J]. Coatings, 2018, 8(11): 400-415.

[2] 周玉, 武高辉. 材料分析测试技术:材料 X 射线衍射与电子显微分析[M]. 哈尔滨:哈尔滨工业大学出版社, 1998.

[3] YANG L, CHEN Y, CHEN J, et al. Anisotropic deformation and fracture mechanisms of physical vapor deposited TiN/ZrN multilayers[J]. Ceramics International, 2020, 46(10): 15502-15509.

[4] FANG Z , CHEN J , HE W , et al. Study on the damage mechanism of TiN/Ti coatings based on multi-directional impact[J]. Coatings, 2019, 9(11): 765-777.

[5] MAXWELL D C , NICHOLAS T. Rapid method for generation of a Haigh diagram for high cycle fatigue[J]. ASTM Special Technical Publication, 1999, 29: 626-641.

第6章　涂层的抗冲蚀与腐蚀性能评价方法

第5章讲述了涂层的力学性能、重复冲击性能和影响基体疲劳强度等试验方法，这些性能指标都与抗冲蚀能力有很大关系。然而，最直接、有效表征涂层抗冲蚀性能的就是沙尘冲蚀试验。涂层的抗冲蚀能力与粒子特性和服役环境密切相关，本章从沙尘粒子特性、冲蚀试验平台与方法、抗冲蚀涂层的防腐性能等方面，给出涂层的性能评价方法，对指导工程实践意义重大。

6.1　标准沙与沙尘特性

6.1.1　标准沙与沙尘标准

1. 标准沙

沙尘粒子特性是影响涂层防护能力的关键因素，美国掌握了沙尘制备的关键技术和沙尘产品的考核标准，在沙尘标准的制定方面走在世界前列。早在1940年，为考核汽车和重型装备空气过滤装置，美国就已经从亚利桑那州自然环境选取沙尘开展试验研究。试验表明，受自然界温度、湿度和气候环境影响，即便是同一地点沙尘的特性差异仍较大，试验数据的不稳定给考核带来一定的困难。为此，美国开始自研标准沙和相关标准。1979年前，通用汽车公司分部AC火花塞公司发明了球磨亚利桑那沙粒制造粉尘的方法，生产两个等级的试验粉尘，表6.1为罗拉分析仪分析的颗粒尺寸分布。

表 6.1　罗拉分析仪分析的颗粒尺寸分布

尺寸/μm	细沙粒占比/%	粗沙粒占比/%
0～5	39±2	12±2
5～10	18±3	12±3
10～20	16±3	14±3
20～40	18±3	23±3
40～80	9±3	30±3
80～200	—	9±3

1979 年，AC 火花塞公司开始使用里恩分析仪测量 AC 试验细灰和粗粉的颗粒尺寸分布。AC 火花塞公司采用里恩分析仪和罗拉分析仪进行了对比试验。1982 年要求美国汽车工程师学会(Society of Automotive Engineers，SAE)分委会按表 6.2 里恩分析仪分析的颗粒尺寸分布。

表 6.2　里恩分析仪分析的颗粒尺寸分布

尺寸/μm	细沙粒占比/%	粗沙粒占比/%
5.5	38±3	13±3
11	54±3	24±3
22	71±3	37±3
44	89±3	56±3
88	97±3	84±3
176	100	100

1981 年美国粉末技术公司(Powder Techology Inc.，PTI)开始制定滤清和航空试验污染杂质的标准。1992 年 4 月 ISO/TC22 成员批准了新的工作项目提议 N1712，滤清器性能试验——试验粉尘的定义。之后 ISO/TC22/SC7/WG3 开始起草相关第一版标准的初稿。1997 年 2 月 15 日，亚利桑那试验粉尘第一版发布，即 ISO 12103-1:1997 道路车辆——用于滤清器评定的试验粉尘第一部分：亚利桑那试验粉尘，其中规定了四种等级的试验沙尘，包括沙尘描述、名称、颗粒尺寸分布，以及颗粒尺寸分布的检测程序及化学成分。ISO 12103-1:1997 中描述的四种沙尘粒径与成分分布分别如表 6.3 和表 6.4 所示。

表 6.3　ISO 12103-1:1997 中描述的四种沙尘粒径分布

尺寸/μm	A1/%(超微颗粒)	A2/%(细微颗粒)	A3/%(中等颗粒)	A4/%(大颗粒)
1	1~3	2.5~3.5	1~2	0.6~1
2	9~13	10.5~12.5	4~5.5	2.2~3.7
3	21~27	18.5~22.0	7.5~9.5	4.2~6.0
4	36~44	25.5~29.5	10.5~13.0	6.2~8.2
5	56~64	31~36	15~19	8.0~10.5
7	83~88	41~46	28~33	12.0~14.5
10	97~100	50~54	40~45	17.0~22.0
20	100	70~74	65~69	32.0~36.0
40	—	88~91	84~88	57.0~61.0
80	—	99.5~100	99~100	87.5~89.5

续表

尺寸/μm	A1/%(超微颗粒)	A2/%(细微颗粒)	A3/%(中等颗粒)	A4/%(大颗粒)
120	—	100	100	97.0~98.0
180	—	—	—	99.5~100
200	—	—	—	100

注：A1、A2、A3、A4 为亚利桑那试验粉尘的 4 种标准类型。

表 6.4　ISO 12103-1:1997 中描述的四种沙尘成分分布

化学成分	质量分数/%
SiO_2	68~76
Al_2O_3	10~15
Fe_2O_3	2~5
Na_2O	2~4
CaO	2~5
MgO	1~2
TiO_2	0.5~1
K_2O	2~5

　　ISO 12103-1 也视生产过程工艺的变更和产品稳定性问题进行修订。2016 年 PTI 对相关标准进行更新，并公布了最新的 ISO 12103-1:2016 标准。ISO 12103-1:2016 中描述的四种沙尘粒径与成分分布分别如表 6.5 和表 6.6 所示。

表 6.5　ISO 12103-1:2016 中描述的四种沙尘粒径分布

尺寸/μm	A1/%(超细颗粒)	A2/%(细微颗粒)	A3/%(中等颗粒)	A4/%(大颗粒)
352.00	—	—	—	100.0
248.90	—	—	100.0	99.0~100.0
176.00	—	100.0	99.0~100.0	97.2~98.2
124.50	—	99.0~100.0	97.2~98.6	93.0~94.0
88.00	—	97.9~98.9	94.7~96.0	85.0~86.5
44.00	—	89.5~91.5	82.0~83.5	58.0~60.0
22.00	100.0	73.5~76.0	62.5~64.5	36.0~38.5
11.00	95.5~97.5	57.0~59.5	42.3~43.6	21.0~23.0
5.50	65.0~69.0	39.5~42.5	22.1~23.2	11.5~12.5
2.75	23.0~27.0	21.3~23.3	10.3~11.1	5.5~6.3
1.38	7.0~10.0	8.0~9.5	3.8~4.4	1.8~2.1
0.97	3.0~5.0	4.5~5.5	2.0~2.4	0.74~0.83

表 6.6　ISO 12103-1:2016 中描述的四种沙尘成分分布

元素	质量分数/%
硅	69.0～77.0
铝	8.0～14.0
铁	4.0～7.0
钾	2.0～5.0
钙	2.5～5.5
钠	1.0～4.0
镁	1.0～2.0
钛	0.0～1.0

可以看出，在标准沙尘研制过程中，标准的更新也必须贯穿其中。从上述演变可以看出，随着科学的进步和技术的发展，标准的不断修订与完善是必然的。标准沙尘相关标准从 1979～2016 年出现了多次大的改动，对标准的不断修订与完善是一项日常性的工作。标准的不断修订与完善有利于产品质量的提升，然而也正是标准沙尘相关标准的改动，导致某一批次标准沙尘只在特定时间段内符合沙尘标准的规定。如果未认识到这种标准的修订对产品的影响，必然导致在使用不同批次标准沙尘对相关设备进行考核时出现误差，甚至出现不可预料的重大事故。

2. 沙尘标准

沙尘特性包括大小、硬度、外形和成分等参数。美国军标和中国军标对于沙尘特性都有明确规定，如 GJB 1171—91《军用直升机防砂尘要求》中对于沙尘的描述：沙尘是指小颗粒物质，主要成分是 SiO_2，其直径在 0.1～1000μm，GJB 1171—91 规定的试验粗沙和试验细沙的颗粒尺寸和质量分数的划分分别如表 6.7 和表 6.8 所示，同时按照浓度对沙尘环境级别进行了划分，沙尘环境级别如表 6.9 所示。

表 6.7　GJB 1171—91 规定的试验粗沙的颗粒尺寸和质量分数的划分

颗粒尺寸/μm	0～75	75～125	125～200	200～400	400～600	600～900	900～1000
质量分数/%	5	15	28	36	11	3.5	1.5

表 6.8　GJB 1171—91 规定的试验细沙的颗粒尺寸和质量分数的划分

颗粒尺寸/μm	0～5	5～10	10～20	20～40	40～80	80～200
质量分数/%	12±2	12±3	14±3	23±3	30±3	9±3

表 6.9　沙尘环境级别

沙尘环境级别	1	2	3	4	5
沙尘环境浓度 /(mg/m³)	0～53	54～530	531～2000	2001～4000	4001～10000
起降场近似地貌	水泥跑道或水泥起降块	较坚实的砂土地	松软的砂土地	沙滩或沙丘	沙漠

GJB 242A—2018《航空涡轮螺桨和涡轮轴发动机通用规范》中对于环境适应性中的吞沙尘能力也有规定，如发动机包括所有附件在内，在沙尘浓度为 53mg/m³ 的地面环境条件下，应能在整个工作范围内正常地工作。GJB 242A—2018 规定的沙尘污染浓度和颗粒尺寸分布如表 6.10 所示。发动机及其附件应能在表 6.10 规定的最大连续功率状态下工作，吞粗沙和细沙后其功率损失和耗油率增加应不超过表 6.10 的中规定，并且不影响功率瞬变的能力。直升机发动机吞咽浓度为 53mg/m³，大小为 0～80μm 的细沙 54h，以及吞咽 0～1000μm 的粗沙 50h 后应检查有无破坏的迹象。

表 6.10　GJB 242A—2018 规定的沙尘污染浓度和颗粒尺寸分布

沙尘污染浓度要求		
参数	固定翼机	旋翼机
浓度/(mg/m³)	53	53
粗沙时间/h	0.5	50
细沙时间/h	1.5	54
功率损失比例/%	5	10
耗油率增加比例/%	5	10
颗粒尺寸分布		
砂型	颗粒尺寸/μm	质量分数/%
粗沙	900～1000	1～2
	600～900	2～5
	400～600	11

续表

颗粒尺寸分布		
砂型	颗粒尺寸/μm	质量分数/%
粗沙	200～400	36
	125～200	28
	75～125	15
	0～75	3～7
细沙	40～80	9±3
	20～40	18±3
	10～20	16±3
	5～10	18±3
	0～5	39±2

　　PTI 是 ISO 12103-1 标准试验沙尘以及用于测试汽车、航空航天和军用装备标准沙尘的制造先驱，在标准沙尘制造行业拥有超过 35 年的经验，在国际业界有广泛影响。目前，PTI 向全世界提供包括 MIL-E-5007D、MIL-STD-810G、ISO 12103-1 等标准内规定的不同粒度等级的标准沙尘。其中，产品 Quartz Dust/Quartz Sand 满足了美军标 MIL-E-5007D、中国军标 GJB 1171—91 规定的吞沙试验要求用沙，产品 Arizona Test Dust (ATD)满足了美军标 MIL-STD-810G、中国军标 GJB1171—91 规定的吹尘和吹沙试验要求的沙尘。

　　最为常用的沙尘主要包括 Quartz Dust/Quartz Sand(标准粗沙)和 Arizona Test Dust (ATD)(标准细沙)"。美军标 MIL-E-5007D《美国航空涡轮喷气和涡轮风扇发动机通用规范》中规定发动机及其附件，应能满足在整个工作范围内，在每立方米空气含沙尘 0.053g 的地面环境条件下，在最大持续推力状态下，总工作时间达 10h 以上，其推力损失不大于 5%，耗油率增加不大于 5%，并且不影响推力瞬变的能力。规定的沙尘应由碎石英粉末组成，美军标规定标准石英砂粒度分布如表 6.11 所示。

表 6.11　美军标规定标准石英砂粒度分布

试验粗沙尘的粒度/μm	理论粒度构成比例/%
1000	100
900	98.0～99.0
600	93.0～97.0
400	82.0～86.0

续表

试验粗沙尘的粒度/μm	理论粒度构成/%
200	46.0～50.0
125	18.0～22.0
75	3.0～7.0

美军标 MIL-STD-810G *Environmental Engineering Considerations and Laboratory Tests* 规定了利用沙尘考核军用装备对可能阻塞开口、渗入裂缝、轴承和接头的灰尘的能力，过滤装置的工作效能以及吹沙条件下军用装备的贮存与工作。规定的尘由<150μm 的颗粒组成，沙由 150～850μm 的颗粒组成。美军标规定标准石英砂粒度分布如表 6.12 所示。

表 6.12　美军标规定标准石英砂粒度分布

成分	质量分数/%
$CaCO_3$、$MgCO_3$、MgO、TiO_2 等	5
Fe_2O_3	10±5
Al_2O_3	20±10
SiO_2	剩余百分比

6.1.2　我国自然环境的沙尘特性

我国是沙漠化危害严重的国家，整个沙漠呈一条弧形带绵亘于西北、华北和东北，这一弧形沙漠带南北宽 600km，东西长 4000km，再加上藏北高原的荒漠地区，沙漠面积达 128 万平方公里，占国土面积 13%。受沙尘影响的地区超过了50%的国土面积。自然环境中，沙尘的形成有多种方式、特性也有显著不同，故选沿海与内陆沙漠典型沙尘环境地区取样，对不同地质形貌中沙尘进行分析检测。

从我国典型自然沙尘环境中取样进行测试，其中海滩的沙样取自厦门和海南，沙漠环境的沙样取自塔克拉玛干沙漠和腾格里沙漠。采用扫描电子显微镜，对所采沙样的微观形貌进行了测试分析，我国典型沙尘形貌如图 6.1 所示。

对沙尘环境沙样进行能谱分析，测试结果显示：腾格里沙漠沙样除含有 Si 和 O 之外，还含有如 Na、Al 等其他成分；塔克拉玛干沙漠沙样除含有 Si 和 O 之外，还含有如 Na、Ca、Al 等其他成分；厦门海滩沙样成分单一；海南海滩沙样

(a) 腾格里沙漠　　　　　　　　　　　　(b) 塔克拉玛干沙漠

(c) 厦门海滩　　　　　　　　　　　　　(d) 海南海滩

图 6.1　我国典型沙尘形貌

成分相对复杂，含有 Si、O、Ca 和 C 等。腾格里沙漠沙样的主要晶相为α-SiO$_2$ 和钠长石；塔克拉玛干沙漠沙样的主要晶相为α-SiO$_2$、少量钙长石和钠长石；厦门海滩沙样的主要晶相为α-SiO$_2$；海南海滩沙样的主要晶相为α-SiO$_2$、碳酸钙、少量方解石和钙斜发沸石。不同地区沙样的粒径和形状也各有差别，其中厦门海滩的沙样多为无规则多边形，沙粒棱角比沙漠沙子尖锐，表面凹凸不平；海南海滩的沙样多为无规则多边形，沙粒较圆润，棱角不尖锐；塔克拉玛干沙漠的沙样多为无规则多边形，沙粒较圆润，棱角不尖锐，沙粒表面风蚀较重，凹凸不平；腾格里沙漠的沙样多为无规则多边形，沙粒较圆润，棱角不尖锐，沙粒表面凹凸较多。

　　选取海南海滩和塔克拉玛干沙漠的沙样,对每种沙样选取两张放大倍数较小、沙粒较多的图像，统计每个粒径区间沙粒的个数，得到沙尘的粒径分布。筛分法粒径测试结果如图 6.2 所示，激光法粒径测试结果如图 6.3 所示。

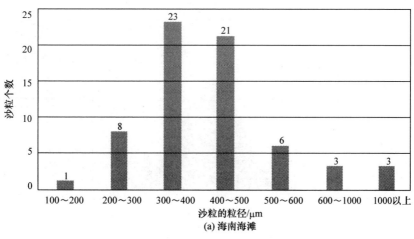

(a) 海南海滩

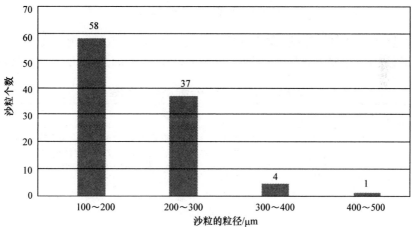

(b) 塔克拉玛干沙漠

图6.2　筛分法粒径测试结果

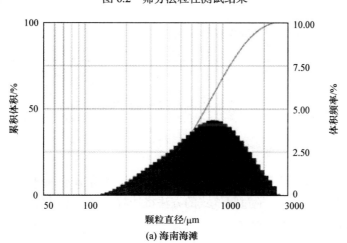

(a) 海南海滩

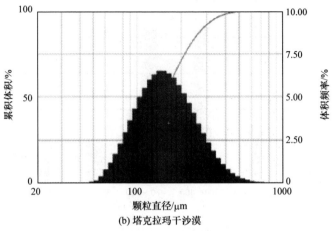

(b) 塔克拉玛干沙漠

图 6.3　激光法粒径测试结果

通过对所采沙样进行微观形貌观察、粒度分布测试与成分分析，获得了 10 种沙样的形貌特征、主要组分及粒径分布，表 6.13 为自然环境沙样测试参数对照表。

表 6.13　自然环境沙样测试参数对照表

参数	来源			
	厦门海滩	海南海滩	塔克拉玛干沙漠	腾格里沙漠
形貌特征	多为无规则多边形，沙粒棱角比沙漠沙子尖锐，表面凹凸不平	多为无规则多边形，沙粒较圆润，棱角不尖锐	多为无规则多边形，沙粒较圆润，棱角不尖锐，沙粒表面风蚀较重，凹凸不平	多为无规则多边形，沙粒较圆润，棱角不尖锐，沙粒表面凹凸较多
主要成分	Si、O	Si、O、Ca、C	Si、O、Na、Ca、Al	Si、O、Na、Al
粒径分布	0.5～1mm	0.2～1mm	0.1～0.5mm	0.2～0.5mm
主要晶相	α-SiO$_2$	α-SiO$_2$、碳酸钙、少量方解石和钙斜发沸石	α-SiO$_2$、少量钙长石和钠长石	α-SiO$_2$ 和钠长石

6.2　涂层的抗冲蚀性能评价

6.2.1　涂层的静止式冲蚀试验

涂层的抗冲蚀性能包括静止式和旋转式两种，静止式冲蚀试验平台是保证样品静止，利用压缩空气，通过喷气式的方法将沙粒喷出并作用在固定样品表面[1]。静止式冲蚀试验如图 6.4 所示。

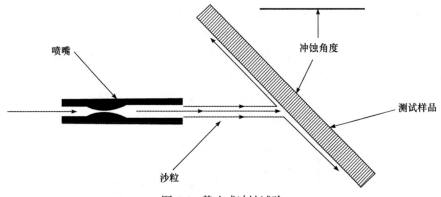

喷嘴

冲蚀角度

测试样品

沙粒

图 6.4　静止式冲蚀试验

静止式冲蚀试验[2]可以精确研究沙粒的速度和冲蚀角度对样品冲蚀性能的影响，通过调节供给的气压大小，实现气流速度的精确可控。该试验平台通过调节送粉器中送粉转盘的转速，可以实现沙粒的定量供给，被空气压出的沙粒与高速的压缩空气在喷嘴的交汇处混合，并且通过喷嘴的拉瓦尔管加速，从而以一定的速度高速喷出。但是，该试验平台的试验样品形状和尺寸都有限制，一般多适用于标准的平板样品。虽然冲蚀角度可以在 0°～90°进行调节，但是其试验条件与真实的服役工况仍有很大差别，仅能提供部分参考，难以模拟发动机整机的真实吞沙情况。因此，还需对发动机叶盘的整体吞沙情况进行测试，设计旋转吞沙试验平台用于单级轴流和离心式整体叶盘的吞沙试验考核。

在冲蚀试验中，冲蚀浓度的计算原理：在理想状态下(假设压气机内部的沙尘均匀分布)，采用单位时间和单位进口面积的沙尘含量等效换算两种情况[3]。静止式冲蚀试验的冲蚀速度可在 20～180m/s 进行调节，具有使用范围广和试验环境覆盖面大的优点。该试验平台的速度调节通过控制储气罐通入喷嘴的气压实现，储气罐中的气体通过空压机实现增压，然后在调压阀的作用下将定压的高压气体通入喷嘴，并在喷嘴中与沙粒混合，进而沙粒以一定的速度喷射至样品表面。

沙粒粒子的速度测定主要有两种实现方式，一种是通过双盘测速装置来进行粒子速度的测定，另一种是通过粒子图像测速的方法进行速度的测定。双盘测速装置结构简单，可以较为简便地完成沙粒粒子速度的测定，而粒子图像测速则更为精确。

双盘测速装置包括喷嘴、测量圆盘和测量圆盘固定装置。喷嘴为拉瓦尔喷嘴，喷嘴内加速道内径向外逐渐增大，呈锥形，喷嘴至第一个圆盘的距离为 20mm，两测量圆盘距离为100mm，测量圆盘分别通过紧固器与轴固定，电机转速不同，可以得到垂直圆盘上的点群分布，进而得到两组圆心角。

图 6.5 为双盘测速装置示意图。图 6.5(a)为双盘测速原理示意图。图中 I 为喷

嘴；J 为限沙盘；M 为沙粒；L 为标记盘；N 为轴；d 为冲蚀点区域；L_1 为喷嘴至圆盘的距离；L_2 为两盘盘距；n 为电机转速。图 6.5(b)为冲蚀点区域。图中 d_1 为电机以转速 n(r/min)顺时针转动时，沙粒在圆盘表面留下冲蚀点区域；d_2 为电机以转速 n(r/min)逆时针转动时，留下冲蚀点区域；O_1 和 O_2 分别为 d_1 和 d_2 的圆心；n 为电机转速；θ 为圆心角，O_1 到 O 的距离为 0.08m，S 为 O_1 和 O_2 之间的距离。通过测量 O_1 与 O_2 之间的距离即可得到对应气压下的速度。

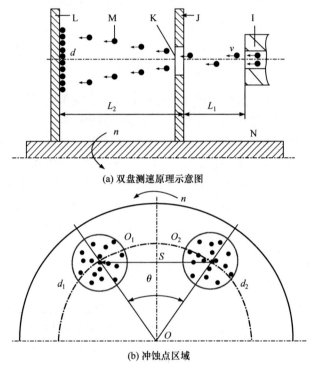

(a) 双盘测速原理示意图

(b) 冲蚀点区域

图 6.5　双盘测速装置示意图

　　冲蚀速度的测定采用粒子图像测速(particle image velocimetry，PIV)方法。PIV 是一种瞬态、多点、无接触式的流体力学测速方法，能在同一瞬态记录下大量空间点上的速度分布信息。测试过程中将沙尘直接作为流场中散布的示踪粒子，用脉冲激光片光源照亮经设备喷嘴喷出的沙尘所形成的流场区域，经过两次曝光，沙尘的图像被记录在图像传感器(image transducer，IT)相机上。采用互相关法对每个图像进行逐点处理，从而直接得到沙尘的速度分布。

　　沙尘粒子是通过高速气流进行加速的，因而通过增加稳压阀后的空气压力或改进喷嘴设计来提高气体流速可提高沙尘粒子的速度。本试验使用 PIV 方法中的示踪粒子 PIV 方法所用激光的参数指标：输出波长为 532nm，单脉冲能量为

200mJ，重复频率为 1～15Hz，脉冲宽度为 6～8ns，能量不稳定度≤5%；高速相机参数指标：两帧间隔Δt 为 2μs，拍摄频率为 14Hz，拍摄时间为 4s，即每次测试记录 56 组图像。实验内容为①分别测出相同条件下拉瓦尔喷嘴与平直喷嘴的速度分布，以验证拉瓦尔喷嘴的效果。②改变冲蚀平台中供沙量与主气压的参数值，测出不同状态下的速度场分布，即沙粒速度随气压的变化规律，完成对平台不同状态的速度标定。

6.2.2　涂层的旋转式冲蚀试验

　　静止冲蚀试验平台是试验室条件下开展涂层抗冲蚀性能评价的主要手段，但是其最大的局限性与实际冲蚀条件相差较远，静止式冲蚀试验台的冲蚀速度一般处于 0～180m/s，可控的影响因素单一。真实服役条件下的粒子冲蚀速度则高于300m/s。因此，必须贴近实际环境，设计并研制旋转式冲蚀试验平台，该平台可在不同环境条件下，采用不同角度、不同尺寸和不同速度的沙尘对静止、高速旋转状态下的叶盘试样进行抗冲蚀性能考核，以形成评价叶片及涂层抗沙尘冲蚀标准和体系。

　　旋转式冲蚀试验平台在模拟真实整机吞沙考核中面临高速旋转和不同粒径均匀投沙等难题。针对试验件的旋转速度较大，每分钟可达几万转的问题，试验平台通过分级变速的方式，利用电机带动试验件高速旋转。为排出旋转过程中产生的大量热量，试验平台一方面对旋转部件进行充分润滑，从根本上减少热量的产生；另一方面通过油液循环，将产生的热量带出，并通过水冷系统对油液进行冷却，来保证试验件的服役温度处于正常工作范围。另外，该试验平台还配备了沙尘回收装置，避免沙尘排入大气造成环境污染。通过专门的静止投沙装置实现不同粒径和浓度的沙粒均匀投放。在发动机地面启动的过程中，发动机的真实服役工况并非一成不变，为模拟复杂气压条件下发动机叶片的抗冲蚀性能，通过控制排气阀的开闭程度实现不同工况条件下的叶片旋转情况。

　　图 6.6 为旋转式冲蚀试验平台示意图，主要由沙尘防护罩、投沙装置、试验件、排气部分、高速联轴器、齿轮箱、低速联轴器、电机、辅助支撑、大底座、电机底座组成，设备中心高 1.2m。

　　该试验台主要用于对涂层真实环境下的性能进行全面考核，如涂层的耐腐蚀性、抗冲刷性能、涂层寿命、涂层对压气机性能的影响等，不仅适用于单级轴流压气机涂层考核试验，而且适用于单级离心压气机涂层考核试验，可以模拟五级沙尘环境。另外，沙尘的最大速度可达 300m/s，可以完全模拟离心压气机和轴流压气机的真实服役环境。

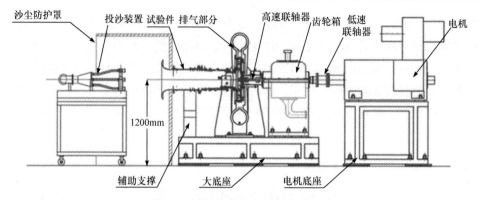

图 6.6　旋转式冲蚀试验平台示意图

6.2.3　冲蚀率表征

涂层的抗冲蚀能力通常用冲蚀率表征，冲蚀率的定义为单位质量的沙粒对涂层样品进行冲蚀后涂层损失的质量。在沙粒供给率一定时，可以通过冲蚀时长来判断涂层的抗冲蚀性，涂层冲蚀破坏前冲蚀时间越长，其抗冲蚀性越强。涂层与基体的冲蚀曲线与冲蚀率对比如图 6.7 所示。

在冲蚀过程中涂层的质量损失一般会经历一个先快后慢再快的过程，前期涂层表面因金属液滴和应力集中等缺陷，容易造成剥落，因此在冲蚀前期涂层的质量损失较快。在稳定冲蚀阶段，涂层整体的完整性较好，具有较强的抗冲蚀性，因此该阶段涂层质量损失较慢且稳定。当涂层薄弱处发生破损后，涂层在沙粒的冲蚀下抗冲蚀性急剧降低，缺陷处的涂层在沙尘粒子的反复撞击下萌生裂纹，裂纹扩展连接后涂层发生剥落，造成冲蚀率增大。当涂层剥落露出基体后，此

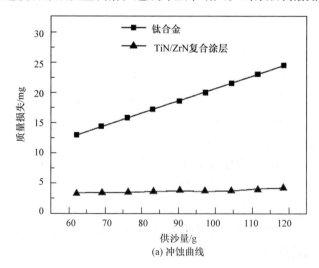

(a) 冲蚀曲线

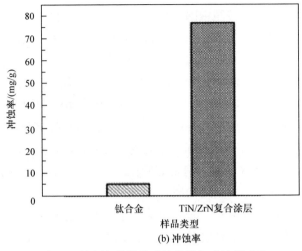

(b) 冲蚀率

图 6.7　涂层与基体的冲蚀曲线与冲蚀率对比

时材料的冲蚀率趋于稳定，且主要为基体质量损失。相较于涂层未损伤阶段，冲蚀率一般会有较大提升。有涂层基体和无涂层基体的冲蚀率有很大区别，如TiN/ZrN 复合涂层的冲蚀率仅为钛合金的 1/15 左右，可见 TiN/ZrN 复合涂层的抗冲蚀性能十分的优异。

6.3　抗冲蚀涂层抗腐蚀性能与损伤机理

抗冲蚀涂层的防腐能力是十分关键的性能指标，腐蚀机理比较复杂。腐蚀的分类方法多样，按照腐蚀环境，可以分为化学介质腐蚀、大气腐蚀、海水腐蚀和盐雾腐蚀等；按照腐蚀过程，可以分为化学腐蚀、电化学腐蚀和物理腐蚀。本节主要针对航空器服役的极端盐雾环境，包括高温盐雾环境等条件下的性能表现，评估抗冲蚀涂层腐蚀性能与损伤机理[4-11]。

6.3.1　抗冲蚀涂层的盐雾腐蚀试验方法与机理

盐雾腐蚀是一种常见的腐蚀现象，特别是在沿海地区盐雾腐蚀比较严重，这是由于沿海地区的大气中含有丰富氯化物。盐雾中的氯离子具有极强的穿透能力，可以轻松地穿过金属表面的氧化膜和保护层，与金属元素发生电化学反应，从而对金属材料造成腐蚀。盐雾试验是一种常见的环境试验，通过调节盐雾试验箱中的温度、湿度和氯化物浓度等，来获得比实际情况更苛刻的外部环境，以利于电化学反应的发生，并大大加快腐蚀速度，加速进行样品腐蚀性能的考核。根据发动机服役环境，盐雾试验按照中国军标 GJB 150.11A—2009《军用装备试验室环境试验方法 第 11 部分：盐雾试验》进行，利用 YWX-015 型盐雾腐蚀试验箱提供测试环境。

在试验中，保持箱内温度为(35±2)℃摄氏度，盐溶液为质量分数 5%的 NaCl 溶液(pH 为 6.5～7.2)，盐雾沉降率为 1～3mL/(80cm² · h)。利用干湿交替方法进行加速试验，以 24h 喷雾和 24h 干燥的过程为一个腐蚀周期，交替进行 12 个周期(总计 576h)。利用 SEM 观察样品表面，并通过 XRD 进行成分分析。

在 NaCl 溶液中，TiN 涂层具有良好的化学稳定性和较高的腐蚀电位，TiN 涂层对钛合金基体的保护主要通过物理阻隔。但是，采用多弧离子镀技术制备 TiN 涂层时，不可避免地出现液滴、缝隙和微孔等缺陷，这些缺陷为腐蚀介质的扩散提供通道，因此缺陷处容易发生腐蚀。活性氯离子的尺寸小于涂层缺陷的尺寸，氯离子能够穿过涂层的缺陷到达基体，通过反应形成可溶性的氯化物而导致腐蚀。图 6.8 为 TiN/Ti 涂层盐雾腐蚀后点蚀坑的形貌及腐蚀过程的示意图[12]。图 6.8(a) 为 TiN/Ti 涂层 576h 盐雾腐蚀后的点蚀坑形貌，图 6.8(b)为 TiN/Ti 涂层和 TC4 基体在 5%NaCl 溶液中的极化曲线，通过极化曲线的拟合可知，TC4 基体的腐蚀电流和腐蚀电位分别为 310.0nA/cm² 和–497.8mV，TiN/Ti 涂层的腐蚀电流和腐蚀电位分别为 114.4nA/cm² 和–198.5mV，两者的差别使得涂层成为阴极，TC4 基体成为阳极，从而发生腐蚀，相应的阳极反应和阴极反应分别如式(6.1)和式(6.2)所示，该反应过程如示意图 6.8(c)所示。另外，在涂层生长过程中，有些晶粒异常长大，异常长大区域的氮化物成分及其化学稳定性均不同于致密区域的涂层，因而异常长大晶粒处的涂层与致密的涂层之间也将发生电偶腐蚀，图 6.8(c)中也示意了该腐蚀过程。

$$Ti \longrightarrow Ti^{3+} + 3e^- \tag{6.1}$$

$$O_2 + 2H_2O + 4e^- \longrightarrow 4OH^- \tag{6.2}$$

钛的 4s 和 3d 层极易失去电子，形成 Ti_2O、TiO 和 TiO_2 等各种氧化物，钛表面致密的钝化膜使其在许多腐蚀介质中具有良好的抗腐蚀性能。图 6.9(a)中对比了抛光的 TC4 合金和 960h 盐雾腐蚀后的 TC4 合金的 Nyquist 曲线，盐雾腐蚀后的 TC4 合金的容抗弧半径明显大于抛光的 TC4 合金的容抗弧半径，这从侧面证明了 TC4 合金表面钝化膜的存在。但是，当合金表面促使钝化膜形成的 OH⁻和 O_2 等不充分时，将影响钝化膜的连续性并伴随着点蚀坑的形成。图 6.9(b)和(d)为 960h 盐雾腐蚀后的 TC4 合金表面点蚀坑和点蚀坑形貌的演变。图 6.9(c)激光共聚焦显微镜观察的点蚀坑形貌，图中颜色的变化代表着合金表面的起伏，其中点蚀坑的深度约为 6μm[9]。

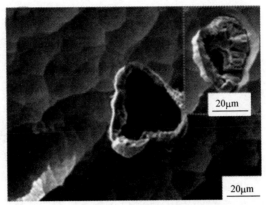

(a) TiN/Ti 涂层576h盐雾腐蚀后的点蚀坑形貌

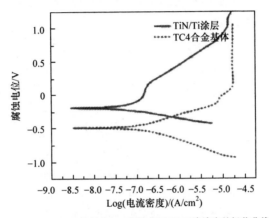

(b) TiN/Ti涂层和TC4基体在5% NaCl溶液中的极化曲线

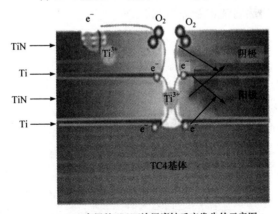

(c) 多层的TiN/Ti涂层腐蚀反应发生的示意图

图 6.8　TiN/Ti 涂层盐雾腐蚀后点蚀坑的形貌及腐蚀过程的示意图

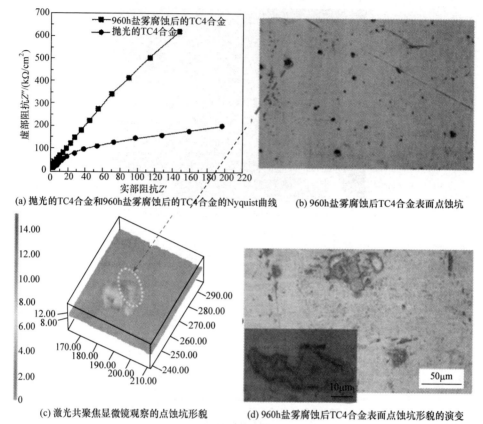

(a) 抛光的TC4合金和960h盐雾腐蚀后的TC4合金的Nyquist曲线　　(b) 960h盐雾腐蚀后TC4合金表面点蚀坑

(c) 激光共聚焦显微镜观察的点蚀坑形貌　　(d) 960h盐雾腐蚀后TC4合金表面点蚀坑形貌的演变

图 6.9　TC4 基体盐雾腐蚀点蚀坑的形貌(后附彩图)

6.3.2　抗冲蚀涂层的热腐蚀试验方法与机理

热腐蚀是在高温下，温度等环境因素导致的沉积物在氧和其他腐蚀性气体同时作用下加速腐蚀的现象，包括高温热腐蚀和低温热腐蚀。高温热腐蚀一般是指温度为 825~950℃时产生的热腐蚀，特别是当温度高于 884℃(硫酸钠的熔点)时，沉积的盐膜处于熔融状态。低温热腐蚀是指发生温度为 650~750℃的热腐蚀，虽然从温度上来讲整体盐膜未达到熔点，但是由于金属硫化物的熔点较低，容易生成熔点更低的金属-金属硫化物共晶体，从而加速了高温热腐蚀。

热腐蚀是在高温沉积物作用下的氧化腐蚀，其表征方法一般采用热腐蚀质量变化和形貌变化等。目前评价合金抗热腐蚀性能常用的方法有坩埚法、涂盐法和淋盐法等[13]。坩埚法首先按比例配制混合盐，然后将混合盐装入坩埚中，将试样全浸或半浸于坩埚中，试样在高温气体和混合盐熔体作用下快速加热腐蚀。由于坩埚法试验条件下氧气的供应受到限制，这种方法不能真实反映航空发动机或燃气轮机热端部件的热腐蚀情况。涂盐法的操作流程：将试样加热到 150℃左右，在试样表面涂一层均匀的混合盐饱和水溶液，烘干后，使试样表面单位面积上沉积一定量的盐层，然后在空气、氧气或 SO$_2$ 等腐蚀性气氛中进行热腐蚀试验。此方法较坩埚法更接近材料的服役环境。淋盐法是将试样放置在转动的托架上，每隔一定时间从炉管顶部定量地淋下预先制备好的混合盐，经过一定时间热腐蚀后，测定材料的抗腐蚀性能。

　　本小节以 TiN/ZrN 涂层和 TiN/Ti 涂层的热腐蚀行为为例进行说明[12,14]。图 6.10 为 TiN/ZrN 涂层的热腐蚀质量变化曲线及热腐蚀形貌[14]。在前期阶段(24h 内)，两者均表现出增重的现象，这是由于热腐蚀发生的初期，合金中的元素在空气中高温氧化生成保护性的氧化物，氧化物抵制混合盐的入侵，此时的合金表面还没

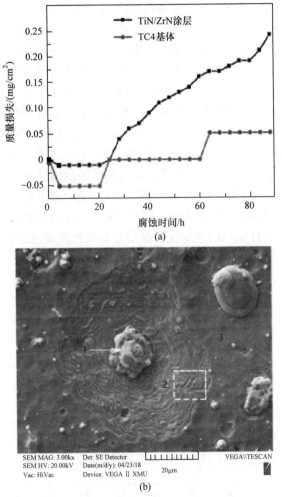

图 6.10　TiN/ZrN 涂层的热腐蚀质量变化曲线(a)及热腐蚀形貌(b)

有受到腐蚀破坏，通常将该阶段定义为热腐蚀萌芽阶段，合金表面氧化膜的完整性比较好，表现为样品表面的增重。随着热腐蚀时间的增加，进入加速腐蚀期，沉积盐中的硫元素会与合金元素发生化合反应生成硫化物，硫化物的生成会破坏保护膜的完整性，另外硫化物的不断生成又抵制了氧化膜的再生成，导致保护膜出现裂缝和孔洞等致命缺陷，表层保护膜出现疏松甚至脱落的现象，质量损失会不断增加。24h 后，TiN/ZrN 涂层的质量损失比较严重。

图 6.10(b)为 TC4 基体上 TiN/ZrN 涂层 88h 热腐蚀后的形貌，在涂层制备过程中形成的液滴经过长时间热腐蚀后发生严重的氧化，图中 1 区域的成分为 Ti-13.68Zr-69.32O，说明了液滴中的 Ti 和 Zr 发生了氧化，TiO_2 和 ZrO_2 的 PBR(金属氧化膜的体积和所需消耗的金属体积之比)分别为 1.95 和 1.51，液滴表面形成疏松的氧化物，其体积较所消耗的金属增加，导致其和基体结合力的进一步降低，部分液滴在热腐蚀过程中逐渐脱落，TiN/ZrN 涂层表现出明显的质量损失率。同时，液滴到达涂层表面前仍为液态，到达涂层后迅速冷却收缩，形成缝隙微孔缺陷，提供了氧扩散的通道，加速了液滴附近涂层的氧化，并导致液滴附近发生了螺旋状的剥落，剥落的台阶和涂层生长过程中的细小柱状晶晶界又增加了氧吸附溶解的表面积，剥落处涂层 2 区域所示的成分为 Ti-14.46Zr-36.71N-29.63O，证实了氧在该区域的固溶。另外，在热腐蚀过程中，中性原子、电子和离子通过晶格和晶界扩散继续进行，在较低温度下，晶界的扩散激活能小于晶格扩散。晶粒尺寸小和晶界面积大的则利于氧元素的扩散，涂层中的 3 区域也出现了氧的溶解，其成分为 Ti-16.18Zr-45.95N-15.31O，但含量低于剥落涂层的区域。

图 6.11 为 TiN/Ti 涂层的热腐蚀质量变化曲线及热腐蚀形貌。TiN/Ti 涂层的热腐蚀质量变化曲线，相比 TC4 基体，没有明显的质量变化。

图 6.12 为 TiN/Ti 涂层热腐蚀 116h 后的典型形貌[9]。图 6.12(a)右上角的插图

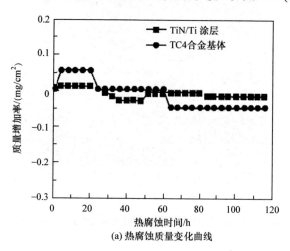

(a) 热腐蚀质量变化曲线

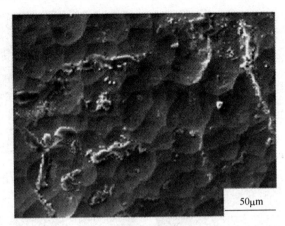

(b) 腐蚀盐形貌

图 6.11　TiN/Ti 涂层的热腐蚀质量变化曲线及腐蚀盐形貌

中为涂层热腐蚀后的宏观形貌。热腐蚀后金黄色的涂层上出现大量的褐色斑点，说明涂层与腐蚀介质在高温下发生了反应，反应层如图 6.12(a)中的深色衬度区域所示，但是不同衬度的区域不具有明显的成分差异，这说明热腐蚀过程中的反应层仍比较薄。图 6.12(b)为涂层柱状组织的边界处出现的微孔。图 6.12(c)和图 6.12(d)为柱状组织边界处出现的明显分层现象，这是由于柱状组织边界处的无序状态导致了 Ti 和 N 的结合力较弱，TiN 中的部分 N 很容易被 O 取代，促使了 O 在柱状组织边界处的扩散。TiON 是一种介于钛的氧化物与氮化物之间的中间状态。在 TiON 中，Ti 占据 4a Wyckoff 位置，而 N 和 O 共同占据 4b Wyckoff 位置。TiON 继续氧化将促使形成 TiO_2，如分层处的微观组织所示。另外，在热腐蚀过程中，TiN/Ti 涂层中 Ti 层的部分氧化，造成涂层中体积的变化，改变涂层中的应力状态，并影响涂层与基体之间的结合力。氧化和腐蚀产物的形成与剥落最终造成图 6.12(e)和(f)中的腐蚀坑。随着热腐蚀时间的增加，腐蚀坑的数量和尺寸逐渐递增，同时小腐蚀坑从大腐蚀坑边缘萌生。

　　图 6.13 为 TC4 热腐蚀的表面与截面形貌的组织分析。从图 6.13(a)中可以看出，相同的放大倍数下，更高的温度导致热腐蚀程度加剧，500℃/4h 热腐蚀后腐蚀坑的尺寸甚至大于 20μm。图 6.13(b)中 1 区域为喷盐过程沉积的放射状的腐蚀盐，腐蚀坑的形态如 2 区域所示，腐蚀坑底部的成分为 Ti-3.62Al-2.71V-52.75O-1.07Cl，其中高的 O 含量证实了热腐蚀过程的金属氧化。参考文献中的分析[5,15]，TC4 的热腐蚀过程可以通过式(6.3)～式(6.7)解释。依据式(6.3)，Na_2SO_4 分解为酸性组分 SO_2 和碱性组分 O^{2-}。基体中的金属组元 M(Ti 或 Al)在高温条件下发生氧化，如式(6.4)。随后，SO_2 穿过氧化物的缝隙或者裂纹与金属组元反应，生成金属硫化物，如式(6.5)。金属氧化物与碱性组分 O^{2-} 及氧气反应生成可溶的金属酸

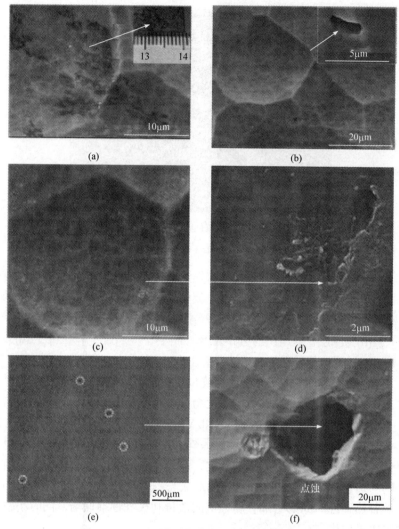

图 6.12　TiN/Ti 涂层热腐蚀 116h 后的典型形貌

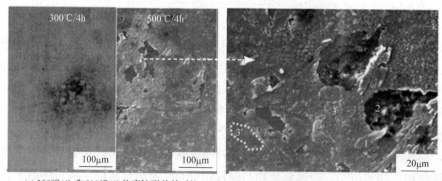

(a) 300℃/4h 和500℃/4h热腐蚀形貌的对比　　　　　(b) 500℃/4h热腐蚀的形貌

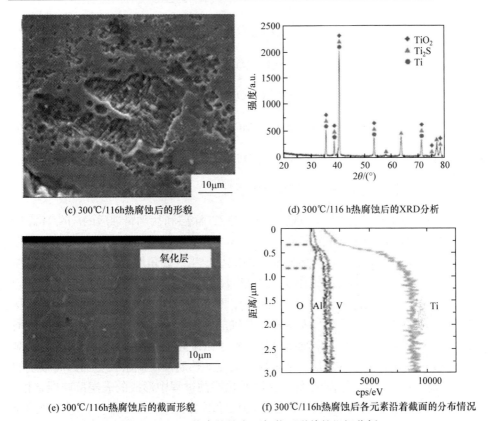

(c) 300℃/116h热腐蚀后的形貌

(d) 300℃/116 h热腐蚀后的XRD分析

(e) 300℃/116h热腐蚀后的截面形貌

(f) 300℃/116h热腐蚀后各元素沿着截面的分布情况

图 6.13 TC4 热腐蚀的表面与截面形貌的组织分析

根离子,如式(6.6)。此外,腐蚀介质中的 NaCl 促使形成 HCl,其与金属氧化物反应最终生成可溶性的金属氯化物,式(6.7)。上述一系列的反应最终造成金属表面形成不同形态的腐蚀坑。图 6.13(b)中的 3 区域为 1～2μm 大小的颗粒状氧化物,该区域的成分为 Ti-3.25Al-1.62V-63.14O-0.39Cl,基于 XRD 分析认为该氧化物为 TiO_2。3′ 的区域表面则只有较薄的氧化层。依据 Ti-O 相图,β-Ti 中的 O 固溶量小于 10%,而 α-Ti 中的 O 固溶量大于 30%[16]。当 O 含量超过其固溶度时即促使氧化物的形成。这就解释了为何不同区域氧化程度有所不同。图 6.13(c)和(d)分别为 TC4 300℃/116h 热腐蚀后的形貌和 XRD 分析,此时金属表面形成的可溶性腐蚀产物已经清除,图 6.13(d)中标注了残留的 TiO_2 和 Ti_2S。图 6.13(e)和(f)为 300℃/116h 热腐蚀后的截面形貌和各元素沿着截面的分布情况,在截面方向观察受热腐蚀影响层的深度约为 1μm,热腐蚀主要在金属表层发生。

$$SO_4^{2-} \longrightarrow \frac{1}{2}O_2 + SO_2 + O^{2-} \tag{6.3}$$

$$M + \frac{1}{2}O_2 \longrightarrow MO \tag{6.4}$$

$$M + SO_2 \longrightarrow MS + O_2 \tag{6.5}$$

$$2MO + O^{2-} + \frac{1}{2}O_2 \longrightarrow 2MO_2^- \tag{6.6}$$

$$2HCl + MO \longrightarrow MCl_2 + H_2O \tag{6.7}$$

6.3.3　抗冲蚀涂层的腐蚀-冲蚀耦合损伤机理

1. TiN/Ti 涂层的腐蚀-冲蚀耦合行为分析

图 6.14 为 TiN/Ti 涂层、热腐蚀后的 TiN/Ti 涂层和盐雾腐蚀后的 TiN/Ti 涂层冲蚀后的宏观形貌。由于冲蚀角度为 45°，3 个涂层冲蚀的区域均为椭圆形。通常随着冲蚀角度的增加，损伤区域面积逐渐减小。当冲蚀角度为 90°时，喷砂枪喷出的沙尘与试验件正撞，形成圆形的冲蚀区域。图 6.14 中将冲蚀影响的区域分为冲蚀中心区域(A 处)和冲蚀边缘区域(B 处)，两者的差别是沙粒的浓度造成的，从喷嘴喷出的冲蚀粒子流呈现与喷嘴轴线共轴的圆锥状，接近轴线处粒子的浓度最大，中心区域冲蚀越严重，离轴线越远，粒子浓度越低，冲蚀程度有所减弱。对于图 6.14(b)中热腐蚀后的涂层，具有褐色斑点的热腐蚀反应层在更加远离轴线的低密度沙粒冲击作用下剥落(C 处)，这说明热腐蚀过程中形成的表层反应层疏松、不致密。随着冲蚀时间的延长，冲蚀坑的尺寸增大，而进行了最长时间冲蚀的原始涂层具有最小的中心冲蚀区，如图 6.14(a)中 A 处所示，说明其具备优于腐蚀后涂层更佳的抗冲蚀性能。如图 6.14(c)中 A 处所示，盐雾腐蚀后涂层的中心冲蚀坑面积最大，说明盐雾腐蚀会加速 TiN/Ti 涂层的冲蚀剥落。

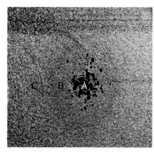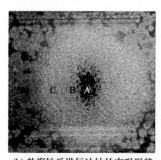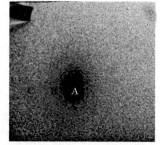

(a) 冲蚀的宏观形貌　　　(b) 热腐蚀后进行冲蚀的宏观形貌　　　(c) 盐雾腐蚀后进行冲蚀的宏观形貌

图 6.14　TiN/Ti 涂层、热腐蚀后的 TiN/Ti 涂层和盐雾腐蚀后的
TiN/Ti 涂层冲蚀后的宏观形貌(后附彩图)

图 6.15 为 TiN/Ti 涂层、热腐蚀后 TiN/Ti 涂层和盐雾腐蚀后 TiN/Ti 涂层的冲

蚀率对比，三种涂层前期的冲蚀率均较高，随着时间延长，冲蚀率逐渐趋于稳定，TiN/Ti 涂层 1050s 的冲蚀率为 0.020mg/g，而盐雾腐蚀后 TiN/Ti 涂层 480s 的冲蚀率高达 0.056mg/g，热腐蚀后 TiN/Ti 涂层 510s 的冲蚀率为 0.040mg/g。影响涂层冲蚀率的因素包含沙尘的粒度、形状、速度、角度、供沙量等外在因素和涂层的微观结构、硬度、强度、韧性等内在因素。

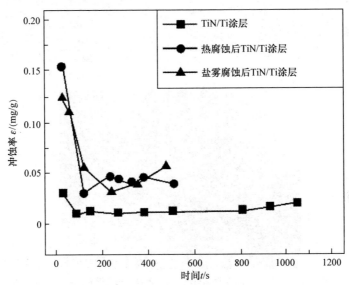

图 6.15　TiN/Ti 涂层、热腐蚀后 TiN/Ti 涂层和盐雾腐蚀后 TiN/Ti 涂层的冲蚀率对比

图 6.16 为 TiN/Ti 涂层、热腐蚀后 TiN/Ti 涂层和盐雾腐蚀后的 TiN/Ti 涂层冲蚀后的电镜形貌。从显微组织观察看，三种涂层在冲蚀过程中均出现了明显的分层剥落，未腐蚀的涂层剥落边界清晰完整。根据 TiN/Ti 涂层沙粒冲蚀有限元模拟结果，在正对着沙粒冲击的区域，最上层 TiN 层的表面和背面都承受很大的拉应力，这种应力是出现环形裂纹和界面裂纹的起因，裂纹的相遇和合并导致最上层 TiN 的去除。随后，涂层从上到下依次分层剥落。图 6.16(b) 和 (c) 中腐蚀后的涂层出现大面积剥落，涂层不完整，涂层的分层边界模糊且参差不齐，盐雾腐蚀涂层冲蚀坑的外围存在孤立且小面积的涂层。三种涂层冲蚀剥落后暴露的基体具有相近的特征，均为以切削去除材料的塑性冲蚀磨损。当沙粒冲蚀时，材料表面产生了犁削现象，出现"犁沟"，并在粒子两侧和前端造成材料的堆积，形成"变形唇"，持续的冲蚀过程对唇片产生挤压和冲击，使唇片变形程度增大，并整个剥落。这样反复进行，留下不平整的基体表面。

冲蚀条件下，真空弧离子镀涂层表面的液滴和空穴等缺陷处是最先发生冲蚀的位置。文献中常将 H/E、H^3/E^2 与涂层的冲蚀率进行协同分析，以表征涂层的抗冲蚀性能。对于 TiN/Ti 涂层，涂层制备时的磁过滤技术有效消除了液滴污染，不

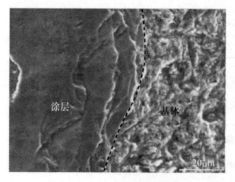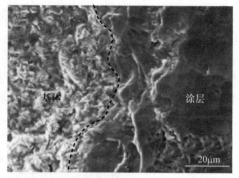

(a) 涂层冲蚀后的高倍电镜形貌　　　　　　(b) 涂层热腐蚀后进行冲蚀的高倍电镜形貌

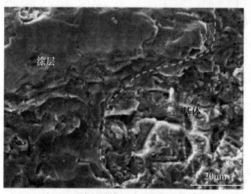

(c) 涂层盐雾腐蚀后进行冲蚀的高倍电镜形貌

图 6.16　TiN/Ti 涂层、热腐蚀后 TiN/Ti 涂层和盐雾腐蚀后的 TiN/Ti 涂层冲蚀后的电镜形貌

同腐蚀形式造成的缺陷则是发生冲蚀的起始点。TiN/Ti 涂层热腐蚀后，在腐蚀介质的侵蚀下涂层出现腐蚀坑，且在涂层柱状组织的边界形成微孔及出现分层；对于热腐蚀后的涂层，涂层表面与沉积盐作用形成薄的反应层，反应层的 E、H、K_{IC} 也不同于原始涂层，热腐蚀表面反应层的抗冲蚀性能在前期急剧下降。TiN/Ti 涂层盐雾腐蚀时，缺陷处的 TiN 层和 Ti 层发生电偶腐蚀，异常长大晶粒与其他致密的涂层区域发生电偶腐蚀，造成涂层出现点蚀坑。这些腐蚀缺陷作为冲蚀坑形成的起源，随着冲蚀过程的继续，冲蚀坑深度和面积不断扩大。

　　根据几种状态下 TiN/Ti 涂层的宏观观察和微观观察分析可知，热腐蚀后的涂层和盐雾腐蚀后的涂层抗冲蚀性能均不及原始涂层，且两种腐蚀形式对涂层的破坏程度不同。TiN/Ti 涂层具有氮化物层与金属层复合的结构，导致其抗盐雾腐蚀能力较差。盐雾腐蚀后涂层的抗冲蚀能力及结合力低于原始涂层和热腐蚀涂层。

　　2. TiN/ZrN 涂层的腐蚀-冲蚀耦合行为分析

　　图 6.17 为不同状态的 TiN/ZrN 涂层冲蚀后的宏观形貌，热腐蚀和盐雾腐蚀后

涂层的冲蚀时间为 1110s, 当涂层中出现明显的冲蚀坑时即停止; TiN/ZrN 涂层的冲蚀时间为 2310s。图 6.18 为三种涂层的冲蚀率计算结果对比。在冲蚀的前期阶段, TiN/ZrN 涂层和热腐蚀后 TiN/ZrN 涂层的冲蚀率较高, 前期明显的质量损失与 TiN/ZrN 涂层表面的金属液滴有关。TiN/ZrN 涂层制备时未采取磁过滤技术, 微小液滴从靶材表面飞溅出来沉积在涂层上, 对后续的涂层沉积有遮蔽效应。在沙粒作用下液滴首先被冲击脱落、留下凹坑, 周围的涂层逐渐断裂剥离, 发展成冲蚀坑。原始 TiN/ZrN 涂层在前期具有最高的冲蚀率, 涂层在热腐蚀过程中部分液滴已经脱落, 因而热腐蚀涂层前期的冲蚀率低于原始 TiN/ZrN 涂层。盐雾腐蚀涂层前期的冲蚀率不同于其他两种状态的涂层, 可能是由冲蚀过程中沙粒嵌入冲蚀坑中, 引起了冲蚀率的波动。冲蚀后期, 三种涂层的冲蚀率趋于稳定。图 6.19 为三种涂层冲蚀坑的高倍 SEM 微观形貌。图 6.19(a)中直接冲蚀的涂层中呈现脆性断裂的形态, 并出现裂纹和液滴脱落留下的孔洞。图 6.19(b)中热腐蚀涂层的液滴脱落留下的孔洞数量最多, 这是由于热腐蚀过程中液滴表面形成疏松腐蚀产物和氧化物, 造成一部分液滴在热腐蚀过程脱落, 一部分液滴在冲蚀过程脱落。另外, 热腐蚀的涂层表面呈现螺旋状的剥落, 涂层的剥落程度明显比图 6.19(a)和(c)中更严重。盐雾腐蚀时, TiN 层主要通过物理阻隔来抵御腐蚀性离子, 其抗腐蚀性能主要取决于涂层中的缺陷形态和数量; 增加涂层的厚度和层数均能影响涂层中的缺陷。ZrN 层在盐雾腐蚀时, 其表层 ZrN 中的 N 被 O 取代形成 ZrO_2 氧化层, 在腐蚀过程中表层的 ZrO_2 为基体提供防护。对于表层为 TiN 的 TiN/ZrN 涂层, 腐蚀介质只能通过脱落液滴残留的孔洞及涂层的微孔等缺陷向基体扩散。然而, 由于多层结构的阻碍, 大部分缺陷处未直接暴露基体, 因此 TiN/ZrN 涂层具有较好的抗盐雾腐蚀能力。图 6.19(c)中盐雾腐蚀后涂层的冲蚀形态介于其他两种涂层之间, 表层的涂层呈现小面积的剥落, 而涂层下部的 TiN 层与 ZrN 层交错排列, 分界清晰明显。

(a) 冲蚀形貌   (b) 热腐蚀后进行冲蚀形貌   (c) 盐雾腐蚀后进行冲蚀的宏观形貌

图 6.17   不同状态的 TiN/ZrN 涂层冲蚀后的宏观形貌(后附彩图)

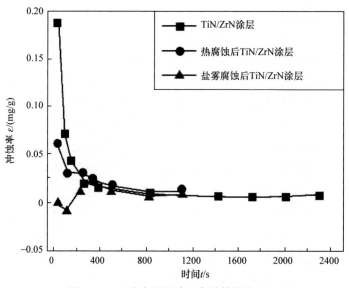

图 6.18　三种涂层的冲蚀率计算结果对比

　　总的来说，冲蚀率计算结果与微观形貌观察的结果具有一致性，热腐蚀及盐雾腐蚀均造成 TiN/ZrN 涂层的抗冲蚀性能恶化。热腐蚀过程中液滴表面形成的腐蚀氧化产物、热腐蚀过程中多层界面积聚的热应力、冲蚀过程中液滴的优先脱落等都是影响涂层抗冲蚀性能的因素。对于 TiN/ZrN 涂层，由于涂层表面金属液滴的影响，热腐蚀现象严重，而 TiN/ZrN 涂层则具有较好的抗盐雾腐蚀能力。因而，热腐蚀后 TiN/ZrN 涂层的抗冲蚀能力及结合力低于原始涂层及盐雾腐蚀的涂层。

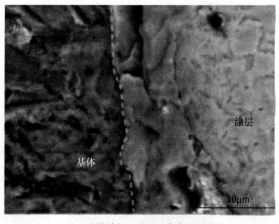

(a) 直接冲蚀后涂层的高倍SEM形貌

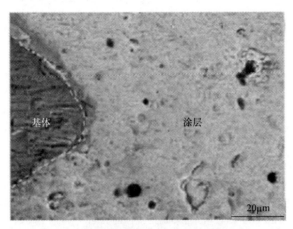

(b) 涂层热腐蚀后进行冲蚀的高倍SEM形貌

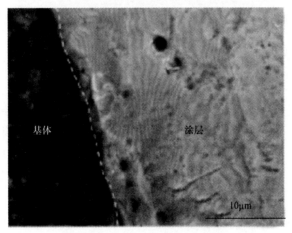

(c) 涂层盐雾腐蚀后进行冲蚀的高倍SEM形貌

图 6.19 三种涂层冲蚀坑的高倍电镜微观形貌

参 考 文 献

[1] MAUER G. Plasma characteristics and plasma-feedstock interaction under PS-PVD process conditions[J]. Plasma Chemistry & Plasma Processing, 2014, 34(5):1171-1186.

[2] KIM W G, CHOE H C. Effects of TiN coating on the corrosion of nanostructured Ti-30Ta-xZr alloys for dental implants[J]. Applied Surface Science, 2012, 258(6): 1929-1934.

[3] 曹鑫, 王冠, 何卫锋, 等. TC4 钛合金与多层 TiN/Ti 涂层的砂尘冲蚀损伤试验[J]. 航空动力学报, 2016, 31(9): 2218-2225.

[4] 南京化工学院等. 金属腐蚀理论及应用[M]. 北京：化学工业出版社, 1984.

[5] 孙齐磊. 材料腐蚀与防护[M]. 北京：化学工业出版社, 2015.

[6] 郑超, 魏世丞, 梁义, 等. TC4 钛合金在 3.5%NaCl 溶液中的微动腐蚀特性[J]. 稀有金属, 2018, 42(10): 1018-1023.

[7] 丁红燕, 戴振东. TC11 钛合金在人造海水中的腐蚀磨损特性研究[J]. 摩擦学学报, 2008(2): 139-144.

[8] 李少强, 雷家峰, 刘羽寅, 等. Ti811 和 TC4 合金的热盐应力腐蚀行为研究[J]. 腐蚀科学与防护技术, 2010, 22(2): 79-84.

[9] GURAPPA I . Protection of titanium alloy components against high temperature corrosion[J]. Materials Science & Engineering A, 2003, 356(1) : 372-380.

[10] 骆晨, 刘明, 孙志华, 等. 航空结构材料环境适应性研究进展及发展方向[J]. 装备环境工程, 2014, 11(6): 10-14, 44.

[11] 叶勇松, 黄璇璇, 郭双全, 等. 航空发动机碳化硅基复合材料环境性能评价研究进展[J]. 航空维修与工程, 2016(8): 32-35.

[12] SUN Z, HE G, MENG Q, et al. Corrosion mechanism investigation of TiN/Ti coating and TC4 alloy for aircraft compressor application[J]. Chinese Journal of Aeronautics, 2019, 33(6): 1824-1835.

[13] 陈凌云. 航空发动机新型可磨耗封严涂层耐热蚀性能研究[D]. 北京：北京科技大学, 2018.

[14] GENG M, HE G, SUN Z, et al. Corrosion damage mechanism of TiN/ZrN nanoscale multilayer anti-erosion coating[J]. Coatings, 2018, 8(11): 3057-3062.

[15] ZHANG M, LI X, DING X, et al. Effects Ti/TiAlN composite multilayer coatings on corrosion resistance of titanium alloy in solid NaCl-H_2O-O_2 at 600℃[J]. Journal of Alloys and Compounds, 2018, 734 : 307-317.

[16] YANG Y, MAO H, CHEN H, et al. An assessment of the Ti-V-O system[J]. Journal of Alloys and Compounds, 2017, 722 : 365-374.

彩　　图

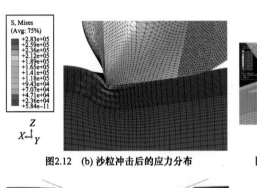

图2.12　(b) 沙粒冲击后的应力分布

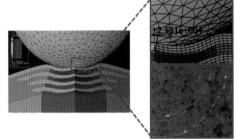

图2.12　(c) 冲击应力导致涂层产生裂纹和剥落

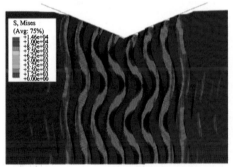

(a) 0°

(b) 45°

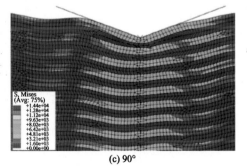

(c) 90°

图 2.15　金属-陶瓷多层涂层各向异性行为

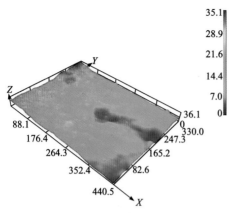
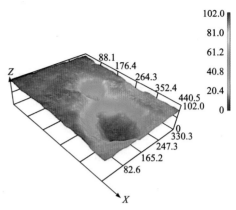

图 2.21　冲蚀 5s 后复合材料冲蚀损伤
微观形貌图(单位：μm)

图 2.22　冲蚀 15s 后复合材料冲蚀损
伤微观形貌图(单位：μm)

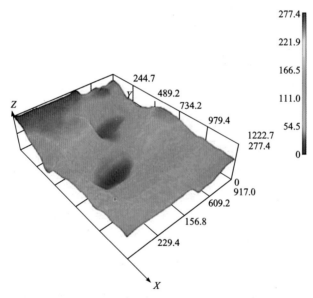

图 2.23　冲蚀 25s 后复合材料冲蚀损伤微观形貌图(单位：μm)

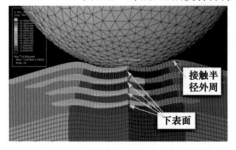
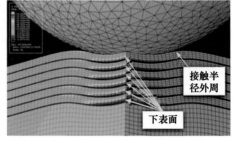

图 3.6　不同冲蚀环境下，部分结构不同的陶瓷/金属多层涂层内的应力分布云图

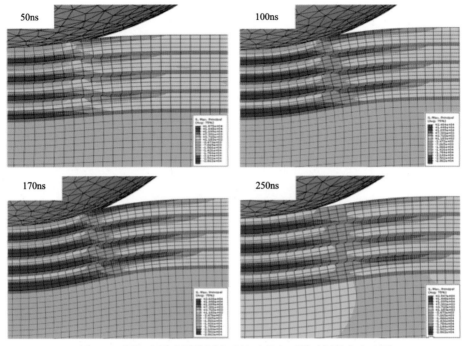

图 3.7 陶瓷/金属多层涂层在冲蚀过程中不同时刻的应力云图

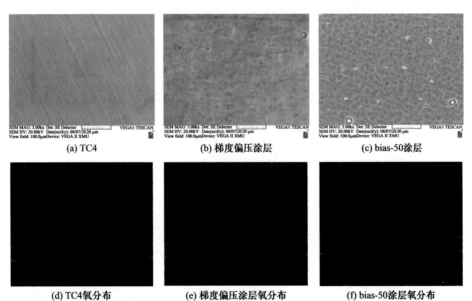

(a) TC4　　　　　　　(b) 梯度偏压涂层　　　　　　(c) bias-50涂层

(d) TC4氧分布　　　　(e) 梯度偏压涂层氧分布　　　　(f) bias-50涂层氧分布

图 4.32　TC4 钛合金和 TiAlN 涂层氧化后表面微观形貌及氧元素分布

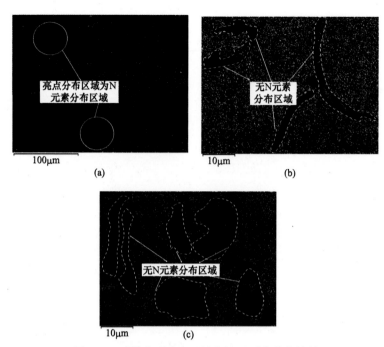

图 4.40　试样表面选定区域内的 N 元素分布情况

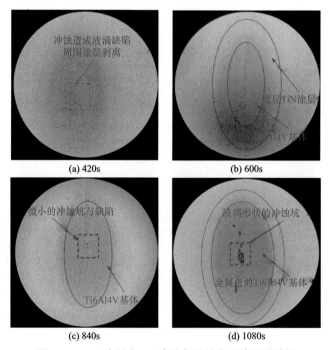

图 4.45　TiN 涂层在 30°冲蚀角下的宏观冲蚀形貌图

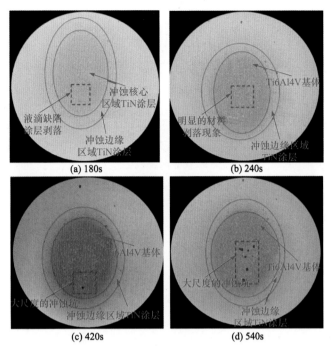

图 4.46　TiN 涂层在 45°冲蚀角下的宏观冲蚀形貌图

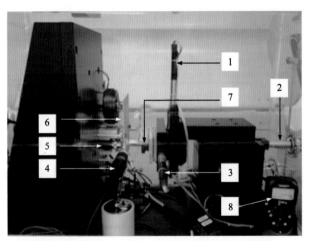

图 5.7　Nano Test 纳米冲击测试系统设备的组成

1-Z 轴控制器；2-X 轴控制器；3-Y 轴控制器；4-X-Z 平面光学显微镜；5-Y-Z 平面光学显微镜；
6-摆锤；7-试样定位托；8-氧探测器

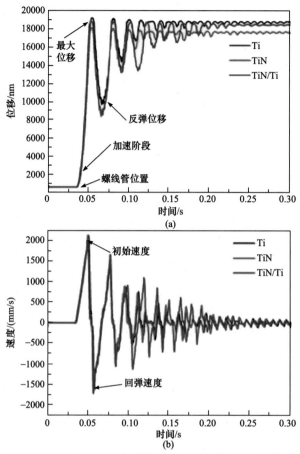

图 5.9　Ti、TiN 和 TiN/Ti 涂层的单次冲击位移(速度)-时间曲线

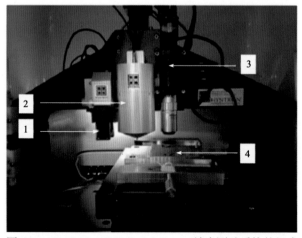

图 5.11　Hysitron TI950 TriboIndenter 纳米测试系统的组成
1-低载传感器；2-高载传感器；3-光学显微镜；4-样品定位台

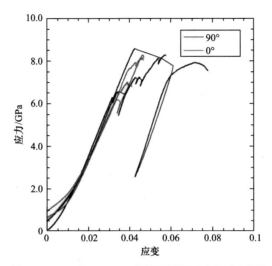

图 5.15　(c) 90°和 0°TiN/ZrN 涂层微柱压缩的应力-应变曲线

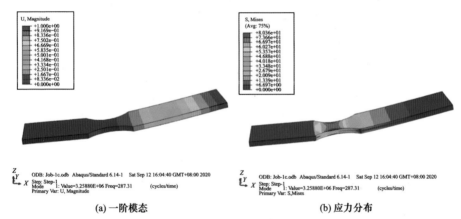

(a) 一阶模态　　　　　　　　　　　　　　　(b) 应力分布

图 5.23　振动疲劳过程中钛合金试件一阶模态和应力分布计算结果

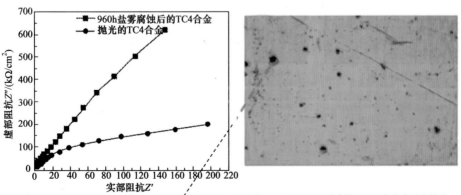

(a) 抛光的TC4合金和960h盐雾腐蚀后的TC4合金的Nyquist曲线　　　(b) 960h盐雾腐蚀后TC4合金表面点蚀坑